空间信息应用服务国际合作平台研究

王新荣　陈付亮　方舟　孙勇　姬伟　等　编著

U0350091

辽宁科学技术出版社

·沈阳·

本书编著者 王新荣 陈付亮 方 舟 孙 勇 姬 伟 葛 岚
李 岩 李龙飞 吴 凡 侯 伟 薛 超 张钰莹

图书在版编目（CIP）数据

空间信息应用服务国际合作平台研究 / 王新荣等编
著.—沈阳：辽宁科学技术出版社，2021.8（2024.6重印）
ISBN 978-7-5591-2179-0

Ⅰ.①空… Ⅱ.①王… Ⅲ.①卫星通信系统—国际
合作—研究 Ⅳ.①TN927

中国版本图书馆 CIP 数据核字（2021）第167562号

出版发行：辽宁科学技术出版社
　　　　　（地址：沈阳市和平区十一纬路 25 号 邮编：110003）
印 刷 者：沈阳丰泽彩色包装印刷有限公司
经 销 者：各地新华书店
幅面尺寸：170mm×240mm
印　　张：12.25
字　　数：210千字
出版时间：2021年8月第1版
印刷时间：2024年6月第2次印刷
责任编辑：陈广鹏
封面设计：颖　溢
责任校对：李淑敏

书　　号：ISBN 978-7-5591-2179-0
定　　价：68.00元

联系电话：024-23280036
邮购热线：024-23284502
http://www.lnkj.com.cn

前　言

　　当前，全球经济形势增长不稳定，贸易保护主义抬头，但中国仍然是全球经济增长的主要引擎，是区域和国际自由贸易的积极推动者。随着全球命运共同体的深入推进，各国经贸合作领域不断拓展，中国—世界关系已进入全面发展的新阶段，深化航天领域、对地观测领域合作关系，将为各国发展过程中面临的各类急迫问题带来最新的对地观测技术解决方案，为其经济发展提供新动力，同时也促进双边或多边合作共赢，迎来更多发展机遇和更广的合作空间。

　　作为一种普遍存在的国际关系形式，国际合作具有多种多样的类型或样式。随着国家间共同利益领域的扩展，国际合作的程度不断加深，层次不断提高，领域不断扩大，形式不断变幻。就空间信息应用发展现状，发展中国家呈现出发展不均衡的态势，部分国家仍处于起步阶段，更多的以图像的人工解译和简单的半自动化制图为主，或是缺少数据无法展开工程应用。另一方面，有待发展"效应落地"系统化空间信息应用解决方案，缺乏一体化、自动化、精细化的空间信息技术工程化应用。发展中国家具备完整行业应用产业队伍的国家仍属少数，大多数国家通过建立国际合作关系形成卫星通信、图像处理分析等应用能力，对于行业数据应用的能力还有待提升，缺乏进一步拓展软件系统升级、应用技术转移等合作领域的探索。

　　本书首先重点针对空间信息应用供给端，通过广泛调研和科学评估，分析合作国家航天主管部门及主要用户部门相关体系架构、航天能力的发展水平、空间信息应用能力，为空间信息应用服务国际合作提供方向建议。同时，对空间信息国际合作基础进行了较为完备的分析，从卫星发展历程、市场规模、市场结构、应用业务、主要企业情况、发展热点及趋势以及产业链及产业阶段进行了分析、研究与判读，为空间信息应用服务国际合作提供市场情况分析。最后，本书借助中国海外企业空间信息保障服务网研究、空间信息应急响应保障国际合作平台研究，以及防灾减灾综合监控与指挥调度国际合作平台研究，从应用层面，对空间信息国际合作给出方案参考与建设思路。

目　录

1 空间遥感信息应用服务国际合作平台的背景和现实意义

1.1 背景说明

经过60年自主发展，我国已建立起较为完善的航天科技工业体系，航天技术步入国际先进列，初步建成了以通信、导航和对地观测卫星为主体的应用卫星系统。同时，我国已与30多个国家签署了航天合作协议，与"一带一路"沿线国家建立了良好的政府和商业合作机制，奠定了空间信息技术应用推广的良好基础。但总体来看，我国卫星应用技术水平有待进一步提高，急需充分发挥现有卫星资源效益，培育具有国际市场竞争力的空间信息服务龙头企业，加强服务我国企业"走出去"的能力，提升空间信息技术应用的产业化、市场化和国际化水平。

中国航天双边合作按照"深化俄乌、巩固欧洲、夯实亚太、拓展南南"的思路开展。中国先后与30多个国家签署了协定。在政府间协议的指导下，双边合作已经逐渐形成以政府合作协议为指导，以双边合作机制为依托，以合作大纲为抓手开展航天合作的基本模式。目前，航天领域包括国家级政府间合作分委会机制，部级联委会机制及多个司局级工作组机制，与俄罗斯、乌克兰、巴西、巴基斯坦、阿尔及利亚、玻利维亚等国及欧空局签署了航天合作大纲与计划。与荷兰、泰国、马来西亚、新加坡、墨西哥、加拿大、秘鲁、苏丹、肯尼亚、土库曼斯坦、土耳其、南非等十多个国家保持密切联系。

在多边领域，我国积极参加联合国外空委各项活动，广泛参与政府间多边合作组织，充分利用非政府间多边合作平台，不断提高中国航天话语权，提升中国航天影响力。参与的主要国际组织包括联合国和平利用外层空间委员会、联合国灾害管理与应急反应天基信息平台（UNSPIDER）、空间与重大灾害国际宪章（CHARTER）、机构间空间碎片协调委员会（IADC）、亚太空间合作组织（APSCO）、地球观测组织（GEO）、国际电信联盟（ITU）等。通过务实的航天合作与交流，深化了与俄罗斯、法国、巴西等国及欧空局传统伙伴的合作，加强了与意大利、英国、巴基斯坦、尼日利亚、阿尔及利亚、委内瑞拉、阿根廷、智利等既有合作关系航天部门的对话，重启了与美国、德国、印度、埃及等国的航天合作，新建了与玻利维亚、白俄罗斯、哈萨克斯坦、沙特、瑞士、荷兰等航天部门的联系。通过"走出去"和"引进来"相结合，扎实推进技术引进，宇航产品出口不断取得新突破，实现了遥感卫星出口和卫星应用系统出口零的突破。

同时，应该看到，我们的国际合作还存在一定的问题，各国航天体系架构、发展水平，以及空间信息应用的提供能力存在较大差异。推动空间信息应用服务国际合作平台建设，需要对接相关国家的航天主管部门、航天能力水平、主要用户以及空间信息应用的提供能力。本研究将重点针对空间信息应用供给端，通过广泛调研和科学评估，分析合作国家航天主管部门及主要用户部门相关体系架构、航天能力的发展水平、空间信息应用能力，为空间信息应用服务国际合作提供方向建议。

1.2　必要性分析

空间信息应用服务国际合作平台的核心思想是充分利用我国现有和规划中的空间资源服务相关国家战略，建立各单位间有效的空间资源共享机制，打破当前相关行业数据资源分散孤立的现状，通过技术创新突破机制体制上无法解决的难题。推动空间信息应用服务平台国际合作，需要对接需求端——合作国家发展战略、产业政策，需要改善供给端——合作国家现有空间信息服务能力、应用能力，为"共建共享共用"的空间信息应用解决方案奠定坚实基础。研究将重点针对空间信息应用需求端，通过广泛调研和科学评估，分析合作国家空间信息应用需求，为空间信息应用服务国际合作平台提供方向建议。

1.2.1 服务我国"走出去"和"引进来"战略，推动卫星数据的国际共享与服务

服务我国"走出去"战略，为全球资产管理、粮食安全与主要农产品生产监测、林业与矿产资源监测、水资源监测、物流管理、安全与应急管理等提供合作平台。服务我国"引进来"战略，为世界各国愿意共享数据、开展交流活动的用户提供交流合作平台。面向综合减灾、应急救援、资源管理、智能交通等国际化应用，民用空间基础设施规划积极推进合作开发空间基础设施应用产品和服务，通过网络平台，共享相关共性技术算法、模型、产品，并可在线定制所需服务，以满足不同应用需求，推动卫星数据的国际共享与服务。

1.2.2 监测全球重点区域、重大经济社会活动，提供有效、及时、可靠的空间信息服务

全球重点、热点区域，对国际经济社会有广泛影响，与我国的经济社会发展利益攸关，需要随时监测评估，特别近年来，伴随着我们国家的"走出去"战略，大量的工程项目开始在国际合作伙伴地区特别是"一带一路"沿线进行布点实施，与沿线国家和地区的联系更加紧密，受沿线经济社会活动的影响更加显著，亟须建立一套有效、及时、可靠的信息系统，对沿线的重点区域、重大经济社会活动进行随时的监测和评估。

1.2.3 拓展产业化应用，突破我国国产卫星系统商业化运营模式，增添中国航天应用领域发展的重要增长点

一方面，国家在空间信息应用方面已经进行了大量的投入，已经具备了产业化的基础和条件，尤其是硬件方面，但目前产业化应用方面存在严重的短板，投入的可持续性不高。另一方面，空间信息服务需求非常广阔，政府决策、企业投资和经营、公众的跨境活动，都需要可靠及时的信息服务，空间信息在这方面有巨大优势。空间信息技术的产业化应用，不仅可以解决供需脱节的现状，而且是实现创新驱动发展战略的重大举措。

1.2.4 数据服务需求

建设空间信息应用服务国际合作平台，可以使卫星数据与技术成为可以随时随地按需使用的空间信息基础设施，以便为合作国家提供持续稳定的数据支持、及时的数据服务。用户无须购买数据、软件和昂贵的计算机设备，就可以方便经济地使用高分遥感信息，可以极大地降低卫星应用在成本、技术、设备、维护诸方面的门槛，推动空间信息数据在全社会各层面普及应用。

（1）卫星影像订购/在线使用服务

随着空间信息产业的持续发展，各行业对遥感影像数据的需求日益扩大，优质的数据资源将为地方政府、重大工程、企事业单位和公众用户的基础空间信息应用，提供持续更新的可靠保障。各行业目前对遥感数据的需求及存在的问题如表1-1。

表1-1 行业应用的数据需求及存在的问题

行业	数据需求	目前存在的问题
基础测绘领域	分辨率优于1米的多时相高分辨率遥感影像	耗费成本高、生产周期长、效率低
城市建设	分辨率优于1米的最新高分辨率遥感影像	更新不及时、分辨率不满足
数字城市	分辨率优于1米的最新高分辨率遥感影像	成本高、分辨率精度不满足
地理国情监测	分辨率优于1米的最新高分辨率遥感影像	成本高、耗时长
农业和林业调查	中分辨率（5米以内），数字林业要求高分辨率（0.5米内）多时相的遥感影像；病虫害监测和火灾监测要求高时相遥感数据（MODIS等）	数据精度低、更新频率低
工程建设	分辨率优于1米的最新高分辨率遥感影像	精度不够
自然灾害监测与突发事件应急	分辨率优于1米的最新高分辨率遥感影像，高程精度优于1米，突发事件数据响应需满足2小时内	更新速度慢、无法应急、精度低
线路勘测	分辨率优于1米的最新高分辨率遥感影像	耗时长、成本高
海洋勘测	分辨率优于1米的最新高分辨率遥感影像，优于2米的雷达遥感影像	海岸线地形复杂，数据精度低
其他应用领域	高分辨率（1米以内）最新遥感影像	分辨率不够

当前，政府单位采购数据多以直接向数据提供商直接购买，需要经历以下流程：技术人员查询所需数据、订单确认、领导审核、付款购买、数据编程、资金入账报销。这些环节耗费时间较多，流程较复杂，资金占用量较多，且购买的数据不一定保证质量和数据时相。数据购买后，除用作该业务部门进行必要的生

产外，不再在其他领域使用，同时，严格遵守《国有资产管理条例》和《保密规定》等法律法规，将采购的原始数据及其成果进行封存，但会占用很多的存储介质，造成了极大的资源浪费，同时还增加了人力成本。

由于这些业务部门对遥感数据的使用仅限于获取某一类或几类专题信息，如使用国际合作与交流平台提供的数据服务功能，仅需在云服务平台上快速地检索、预览、订购所需的数据，所需支付的数据服务费仅为原影像采购费用的30%，然后直接下载或在线使用编程好的数据。不仅可以节省大量的数据采购时间和采购成本，而且可以节约大量的存储成本、管理成本。

（2）信息产品订购服务

当前，各行业应用部门利用遥感数据主要应用在其业务领域的专题信息服务上。在财政资金、人员结构、固定资产管理等方面受到各类制约，采购原始数据进行信息提取、专题服务内容加工就显得过程烦琐，因此提供一种信息产品服务就变得十分重要。这不仅解决了各行业应用部门的财政、人员结构等问题，又进一步提高了业务运行效率；同时也为国际合作与交流平台拓展影像价值，提高运营收益提供了新的途径。信息产品及应用领域见表1-2。

表1-2　信息产品及应用领域

	信息产品	应用领域
专题信息产品	高分辨率遥感影像正射产品	各行业
	植被覆盖产品	农、林
	耕地分布产品	国土、农业
	人工林分布产品	林业、国土
	森林病虫害监测产品	林业
	水库沟渠设施监测产品	水利、应急、农业
	地质灾害监测产品	国土、应急
	水体污染监测产品	环境、应急
	土地利用监测产品	国土、规划、城建、农、林
	……	其他各行业
综合服务报告	农作物长势监测报告	农业
	农作物产量预测报告	农业
	林业监测报告	林业
	遥感监测综合报告	各行业
	……	有需求的各行业

（3）遥感影像地图服务需求

目前遥感影像制图存在以下问题：主要集中在常规的单机制图方面，根据不同的需要研究的侧重点各异；常规的遥感影像制图存在制图周期长、更新慢、处于专家制图阶段；使用的遥感影像分辨率较低，不能满足用户的需求。高分辨率卫星地图影像对专题图的制图与测绘是一种简洁高效的技术手段，目前在很多相关行业中传统的测量与制图手段已经完全被高分辨率卫星技术手段所代替。

国际合作平台的地图服务需具备图层管理、点线面显示和绘制、距离量测、地图打印等地图功能；数据更新频率快，全省范围内数据更新频率以月为周期，重点区域或重大工程项目更新频率以旬为更新周期，应急事件以天为更新周期；影像数据精度高，全省范围影像分辨率精度优于2米，重点区域分辨率精度优于1米，部分区域精度达到0.2米；影像地图种类多，不仅有二维多类型的正射产品数据，也有三维立体影像数据，二、三维数据构筑成清晰直观的"数字地理底图"。根据交通、旅游、商业、城市管理、农业、环境等不同需要，可制成不同标准专业地图，让城市规划、环境监测、智能交通、应急指挥、防灾减灾、数字旅游等行业都可以"对行下图"。

（4）软件及设施服务需求

①软件在线使用。当前，遥感/地理信息系统行业的专业软件主要有ERDAS、ENVI、PCI、eCognition、Arc GIS、Super MAP等。这些软件的授权许可费用高昂，单机版在十几万至几十万之间，多机版的授权许可费用更高且随着用户需要使用的模块功能的多少，费用也发生相应的增减；软件许可购买的流程较复杂；需要特定的新增模块需另外支付费用；软件版本为购买的许可授权版本，软件版本更新内容无法及时享受。对于专业用户、政府单位而言，前期的投入成本很高。

②应用托管服务。各单位在进行项目工作时，需通过各类专业应用服务对内或对外发布专业产品、信息等服务，而这些专业应用服务的基础设施是各类服务器。但由于普通单位资金有限、没有构建标准的服务器机房环境、硬件设施不达标、服务器配置不到位、没有专业的团队维护等原因，使用的专业应用服务存在各类的问题。因此，低价格、高性能、免硬件维护的服务器+应用服务托管成为了业内需求。

1.2.5　竞争态势分析

在国际空间信息产业发展的大环境趋势下，卫星应用业务在延续其产业核心地位的基础上，继续呈现稳定的增长态势；同时，未来新技术、新应用、新模式的飞速发展将为我国空间信息领域市场释放新的需求，从而带来新的机遇（表1-3）。

表1-3　优势劣势与机遇挑战分析

优势	劣势
（1）中国航天在亚、非、拉国家已发射9颗卫星、在研1颗卫星、十几个航天/卫星论证项目，具备国际影响力和竞争力 （2）中国政府在"一带一路"国家与地区已建立了一些渠道，与用户国政府相关部门有着良好关系，相比欧美企业，中国航天与中资企业在非洲和拉美的行为更带有政府无偿援助性质，容易为当地用户接受和信任 （3）在培训、技术转让和用户能力提升方面，中国具有更主动积极的合作意向，可更好地带动用户国家的航天领域发展 （4）中国采用内优外联、系统集成创新的履约模式，为项目顺利开展提供有力保障	（1）卫星系统设备技术水平与国外先进水平相比，品牌知名度低，有一定差距，限制了国际业务竞争力 （2）与国际欧美企业成熟品牌和产品相比，缺乏长期稳定的运维经验，用户对卫星应用类系统产品认可度不足 （3）系统产品运行可靠性与欧美企业成熟产品存在一定差距 （4）国内设备产业链具有一定基础，但在全球市场布局上起步晚，尚未形成规模，市场占有率偏低
机遇	挑战
（1）在国家对外合作战略支持下，中国政府对航天领域发展发挥了很大带动作用，国际用户尤其是亚、非、拉等国家的用户更容易接纳中国的品牌和产品 （2）第三世界国家对卫星应用的需求量日趋增长 （3）第三世界国家存在展示地区影响力发射卫星的需要，进而带动更多的地面基础设施建设 （4）中国企业提供的系统解决方案定制化程度非常高，可最大化满足用户需求	（1）航天技术与欧美等发达国家的技术相比存在一定差距，核心竞争力不足 （2）自研软件产品成熟度需要进一步提升 （3）品牌价值需要加强 （4）行业用户业务需求分析确认及系统需求转化 （5）逐步开展遥感卫星在轨运营及应用服务

总体来看，目前我国卫星应用技术水平还不够高，现有资源未得到充分利用，服务我国企业走出去的能力有待加强，为提高我国空间信息覆盖区域和容量、优化全球空间信息资源的综合管控能力以及释放遥感数据资源服务能力，扩大生产规模、丰富产品类型、提高服务质量与可靠性和稳定性，并通过掌握关键技术和形成较强自主创新研发与应用能力打造核心竞争力，推动我国广大企业走

出去，必须对空间信息应用服务的关键技术进行攻关。

1.3 典型用户需求分析

1.3.1 巴基斯坦航天及对地观测应用现状

巴基斯坦是发展中国家，航天预算占本国GDP的比例仅为0.05%。在国家层面，尚未出台航天政策，也未出台航天法，但国家有关法律涉及航天活动。巴基斯坦于2018年7月得到了第一颗自主遥感卫星，在其他方面，建立了斯波特（SPOT）、诺阿（NOAA）、陆地卫星（Landsat）、风云（FengYun）等国外卫星的数据接收站和低轨卫星遥测跟踪与控制站。

1989年，位于伊斯兰堡的卫星地面站（SGS）开始接收Landsat和法国SPOT卫星的数据，2004年，地面站进行了升级改造，可以接收SPOT-5卫星数据。2018年，地面站新建X/S频段接收与测控天线，可接收PRSS-1自主卫星数据。

遥测跟踪站于1996年开始运行，主要用于低地球轨道卫星的遥测，系统运行于VHF、UHF和S频段。位于卡拉奇的大气数据接收和处理中心（ADRPC）接收并处理静止轨道和极轨气象卫星的数据。ADRPC能够接收的极轨气象卫星和低轨环境卫星主要包括美国NOAA系列、土卫星（TERRA）和水卫星（AQUA）。ADRPC能够接收的静止轨道气象卫星主要包括日本多用途运输卫星（MTSAT）、欧洲气象卫星（Meteosat）和中国风云-2D等。

作为巴基斯坦航天技术发展的主要管理机构航天空间与大气上层研究委员会（SUPARCO）广泛参与国际合作，其国际合作伙伴来自联合国机构、美国、俄罗斯、法国、中国、日本等组织或国家，合作机构包括航天国际组织、航天相关学会、宇航企业和科研院所等，合作形式包括双边和多边合作，合作领域包括联合研究、能力建设、技术升级和科学技术培训等。

1.3.2 新加坡航天及对地观测应用现状

新加坡作为东盟的成员国之一，是东盟国家中唯一的发达国家，与我国在各经济领域开展了多层次的合作。新加坡基础设施完善，国土面积713平方千米，人口500多万，是外贸驱动型经济，以电子、石油化工、金融、航运、服务业为主。

目前新加坡国内航天产业以新加坡国立大学卫星技术研究中心、新加坡南洋理工大学卫星研究中心在卫星领域开展了一系列研究。从2011年发射X—SAT系列卫星开始，2013年发射VELOX系列卫星，2014年发射POPSAT系列卫星，2015年发射Athepoxat系列卫星，到2019年1月发射Velox—Ⅳ卫星，以及正在研制的Lumelite系列卫星。已经逐步形成卫星的设计、集成制造、测试、发射协调和测控接收的全面能力，发展迅速。

在对地观测领域，新加坡国立大学已有一颗40米空间分辨率的遥感卫星成功发射，但其卫星影像辐射质量在城市、港口、生态保护区等区域展示效果一般，尤其是近红外波段对植被的类型和长势差异反应较差。目前正在设计四波段可见光卫星，将以10米空间分辨率服务于农业、城市、洪涝等遥感领域。21世纪空间技术应用股份有限公司在新加坡成立分公司，与新加坡航天企业合作重点开发服务于新加坡本地的遥感卫星运行和数据获取业务，遥感和空间信息综合应用服务及系统集成服务。同时ADS和我国均有数据服务在新加坡落地。

1.3.3 泰国航天及对地观测应用现状

泰国非常重视航天领域的国际合作，目前只发展了遥感卫星，与遥感有关的事务主要由泰国地理信息与空间技术发展署（GISTDA）负责，并作为遥感卫星技术发展的管理机构广泛参与国际合作。GISTDA在泰国卫星遥感产业发展中扮演重要的角色，泰国遥感卫星的民用和商业运营均由GISTDA管理，同时泰国遥感产业在东南亚地区有一定的影响力，发射并运营泰国首颗对地观测卫星，即ThaiEOS—1卫星用于国家安全、灾害监测、资源勘查和土地规划和商业销售。

泰国农业大学是泰国国内一所具有较先进的农业技术的高等研究学府，在中国与东盟国家广泛空间技术合作伙伴中扮演重要的角色，具有一定程度的合作基础，其中包括中国与泰国农业大学合作建设的朱拉蓬公主卫星接收站，该接收站接收了我国HJ—1A/B卫星数据，开展了多光谱农业数据应用研究。另外，2016年，在"中国—东盟海上合作基金"支持下，中国与泰国农业大学合作的"澜沧江—湄公河空间信息交流合作中心项目"，为其提供了农业、水资源、海岸带领域的多星源对地观测服务。

泰国与法国EADS阿里斯特姆公司开展航天国际合作，并于2008年在俄国亚斯内发射基地，搭载Dneper火箭成功发射ThaiEOS-1卫星，其上搭载空间分辨率为2米全色、15米多光谱卫星，具有成像周期短、机动性能好等特点，主要用于泰国城市土地资源调查、森林火灾监控、农业、自然资源管理等领域。目前泰国正在集中力量与欧洲空中客车AirBus开展ThaiEOS-2（0.5米全色）光学卫星研制。泰国本国的遥感卫星主要有2个地面站，1个运控中心和1个接收站。运控中心位于拉差，接收站位于曼谷拉格拉邦。

对地观测应用方面，泰国在农作物制图、林业制图、滩涂调查、红树林制图、土地利用调查、洪水监测、水利工程调查、矿产资源调查等领域均得到一定程度的发展，但是泰国的对地观测应用技术发展相对较缓慢，多以图像的人工解译和简单的半自动化制图为主，泰国卫星尚无法大范围应用。此外，泰国GISTDA不仅推出了自己的中长期航天行动计划，还邀请了全球导航、遥感等机构和企业，包括捷克、韩国等国家一同发布航空航天计划，从遥感卫星到导航卫星，以及2030—2050年的登月和空间站计划，泰国正在竭力发展自己的航天事业和卫星应用产业。

1.3.4　印度尼西亚航天及对地观测应用现状

印度尼西亚是东南亚国家中经济相对发达的国家，也是亚洲国家中较早拥有业务化卫星的国家。在航天技术发展上，制定了国家战略，探空火箭和对地观测是航天技术发展的主要领域。在卫星通信和卫星遥感应用方面的政策法规较为健全。

印度尼西亚航天管理机构，主要有航空航天国家委员会（DEPANRI）和航空航天研究院（LAPAN）。印度尼西亚对政府机构使用高分辨率卫星图像仅提供单一的EULA；由LAPAN负责采办高分辨率卫星图像，并负责处理、应用和分发遥感卫星应用产品；高分辨率卫星图像通过地理空间信息局的国家地理门户（Ina-GeoPortal）管理和共享；高分辨率卫星图像的需求通过BIG和LAPAN组织的年度国家协作会议明确。

目前，印度尼西亚与德国合作研发了2颗微卫星LAPAN-A2和LAPAN-A3，其中LAPAN-A2已于2015年发射，探空火箭RX-320和RX-420型火箭的研发也已经取得重大进展，2枚火箭将是已计划的小型卫星运载火箭RPS-01的关键部件。与美国地质调查局（NASA）、法国空间研究中心（CNES）合作，建立遥感卫星地面接收站，开展LANDSAT、SPOT卫星数据接收、处理、存档、分发和数据应用技术等方面的业务合作。此外，LAPAN还与日本宇宙航空研究开发机构（JAXA）、印度空间研究组织（ISRO）、德国航天局（DLR）、英国航天局（UKSA）、中国国家航天局（CNSA）、亚太区域空间局论坛（APRSAF）、联合国外太空事务办公室（UNOOSA）、联合国灾害管理和应急响应空间信息平台（UNSPIDER）、联合国和平利用外层空间委员会（UNCOPUOS）、国际宇航联合会（IAF）、国际地圈生物圈计划（IGBP）、地球观测组织（GEO）、柏林技术大学和京都大学等国家或组织在联合研究、能力建设、技术升级和科学技术培训等方面均开展国际合作。

通过国际合作，印度尼西亚已经建立通信卫星和技术试验卫星，以及由遥感卫星地面站、通信卫星地球站和导航卫星增强站组成的较为完整的地面站体系，但业务型遥感卫星还处于发展中。印度尼西亚本国仅有1颗用于对地观测类技术试验的遥感卫星，具有一定的业务应用能力，但尚未形成由遥感卫星运营商为核心，分销商、增值服务商和地面设备制造商构成的对地观测应用产业。2014年，在"中国—印尼海上合作基金"框架下，中国与印度尼西亚海事安全协调机构合作建设印尼海事卫星遥感地面站项目，实现从地面接收站接收中国风云三号系列或国内外同类遥感卫星图像数据的能力，接收卫星遥感数据经系统处理后可为印尼用户提升其在海洋观测、海事管理方面的技术执行力。2015年，在"中国—东盟海上合作基金"支持下，中国与印度尼西亚LAPAN合作建设中国—东盟卫星信息（海事）应用中心项目，项目实施对印度尼西亚的海洋监测和管理发挥了巨大的作用，为其经济社会的发展提供了必要的技术支持。

1.3.5 各国政府应急救援部门

空间信息应用服务国际合作平台的建设可以形成完善的应急通信保障、多平台多类型数据采集、应急响应服务共享机制，从而推动我国政府应急救援部门对基础信息资源进行梳理，为各部门的审批协同应用、领导决策等提供空间信息数据支撑，提高政府相关部门的决策能力和管理能力，使各级政府在宏观调控决策中减少失误，管理从定性化走向定量化，从而提高政府决策的科学性、前瞻性。

就总体发展水平而言，发展中国家在空间信息获取手段仍然存在短板，比如卫星移动通信能力欠缺、数据采集能力也不足，制约卫星应用的发展；导航增强手段不足，高精度服务受限；高分辨率光学遥感和雷达卫星资源也存在不足；其次，发展中国家现有卫星系统资源目前还分属于各国，尚未建立空间信息互联互通和共享机制，暂未形成合力；再者，发展中国家的空间信息应用技术水平相对偏低，应用总体规模还比较小，应用创新不足，缺乏重大国际合作应用项目牵引，受技术积累不足、政局不稳定、资金缺乏等原因的掣肘，相当数量发展中国家的卫星应用水平严重滞后。

在发生突发事故时，各政府部门之间可利用平台实现信息互联互通，其中部门涵盖（目标用户：领导决策层、外交部、减灾委、高分中心、环保部、交通部）等，平台在数据分析、模拟和评估的基础上，综合通信、遥感、导航、搜救卫星、应急指挥中心等资源为决策层提供应急预案、综合分析，辅助领导决策。因此，建设空间信息应用服务国际合作平台，建立国家综合应急平台体系，旨在解决不同部门、不同地域应急信息的互联互通和共享问题；为国家各级应急机构面向突发事件的预测预警和决策调度提供科学支持；解决国家层面对不同部门、不同地域突发公共事件的协同应对问题，最终为改变同级部门间条块分割、独立作战的局面，充分体现一体化应急的功用。

1.3.6　中资海外企业机构需求

为了使国家海内外大型企业能够健康地稳定地可持续发展，在积极响应国家政策的基础上，需要增加国际业务沟通发展及动态实时了解一些主要中资企业的业务需求以满足时代要求，实现互利共赢。根据当前一些中资企业在对外业务的发展规模大小，主要分为国际化国有大型企业、银行类企业和保险服务类企业。

1.3.7　国家驻外政府机构需求

由于海外安全风险日益多样化、复杂化、碎片化，近5年来，外交部领事保护中心与各驻外使领馆处理各类领事保护与协助案件数量年均3.5万~4万起，境外中国公民和企业面临严峻的安全形势。鉴于此，驻外政府机构需要收集并掌握国家全部涉外人员的个人信息，准确定位跟踪个人，保障人身安全；同时当发生紧急情况下，呼叫中心还将通过微信、短信、电话等方式立即通知有关驻外使领馆领保工作人员。对于特别重大复杂案件，后台还将通知领保中心跟进处理。通过这种前台—后台—驻外使领馆"分级过滤"的案件处理模式为海外人员提供优质高效的服务。

1.4　服务行业需求

1.4.1　防灾减灾服务需求

国际的合作国家自然环境复杂、气候多样，自然灾害时有发生，预防和减轻自然灾害是人们所面临的共同难题，各国对自然灾害的监测需求，对自然灾害进行预测评估的需求，对灾害发生后灾害统计的需求都非常迫切。遥感监测技术是目前自然灾害监测的重要手段，通过各类遥感卫星、航空飞机、无人机对不同灾害类型或不同灾害过程进行监测、评估，满足自然灾害对数据空间分辨率、光谱分辨率及时效性的需求。卫星资源、地面服务资源、空间信息技术服务资源提供应急服务保障，高效、可控应急资源的管理平台有助于对卫星任务进行统一规划，实现应急观测区域的协同成像，实现大区域范围的成像覆盖，并协调利用气象卫星获取天气及环境变化情况，为火灾、洪水、地震等地面灾情评估及救灾工作提供信息支撑。

1.4.2　公共安全服务需求

公共安全系统具有应对火灾、非法侵入、重大安全事故等危害人们生命财产安全的各种突发事件，建立起应急及长效的技术防范保障体系的特性，以及以人为本、平战结合、应急联动和安全可靠的特点。国际合作国家众多，很多国家国情复杂，战争、恐怖主义、走私贩毒等公共安全事故时有发生，应急响应需求迫切。

在处理突发事件、执行应急保障任务时，系统同样需要应急观测区域的协同成像，实现小区域范围的成像覆盖，并采用地面专网通信、移动通信网络、无线图传、Wi-Fi网络等多种通信手段组合的方式，恢复语音、视频会议、电报、文件、数据等各种传输业务，以及现场第一手的视频、图像、态势等信息传递，为应急处置联合指挥调度、决策提供通信保障。

1.4.3 卫生安全服务需求

未来中长期公共卫生安全可能呈现以下几个发展趋势：一是未来人类健康及疾病控制压力将继续增大，因为全球化使传染性疾病大暴发威胁上升，非传染性疾病（慢性病与精神疾病）难以遏制，疾病控制与世界公共卫生体系比较脆弱；二是流感大暴发、艾滋病、生物武器和生物恐怖的潜在威胁使得未来全球公共卫生安全趋势不容乐观。其国际政治影响包括传染疾病的全球流行最可能打乱并逆转全球化进程，艾滋病的蔓延对南部非洲国家将继续构成严峻挑战，气候变化对全球公共卫生安全的影响将更加突出。在媒介传播疾病的流行病学研究中，如果明确了与疾病传播和媒介生物有关的环境因素，并且这些环境因素能够通过遥感资料获得，那么，应用地理信息系统、遥感遥测技术和全球定位系统就能为这些媒介传播疾病的研究、检测和控制提供有力的工具。

1.4.4 生产安全服务需求

国际合作国家的资源开发，铁路、公路、港口建设等重大工程项目实施时常时间紧迫，条件恶劣，亟须高效的空间信息服务，为工程规划、设计、施工、运维和信息管理全流程、全方位的空间信息服务保障，进而要求卫星遥感应急观测、无人机观测筹划、数据处理任务调度及对任务运行效果的评价。重大工程建设不仅有对道路通信的迫切需求，对光纤光缆、卫星通信也将成为需求点。海缆、光缆是高速信息传输的基础，也是后续信息服务的载体。空间信息技术在水利工程建设、矿山安全生产监测、能源基建安全生产方面的应用程度越来越大，国际的合作国家未来在基础建设、矿山、水利等方面的发展需求很多，对空间信息这样高效的安全生产方面的支撑需求很大。

1.4.5　企业信息服务需求

在经济全球化的形势下，企业的信息需求呈现着多元化的特点，针对合作国家现状及当前信息化发展形势，信息的覆盖面小、地形复杂等特点已经严重制约着海外企业业务的发展，企业信息的发达程度直接影响国际合作规划方案下的安全生产标准、公共安全水平、公共信息安全及对防震减灾的应急处置能力。

根据空间信息资源的需求，需要建立企业空间信息保障服务体系，它能够提供应急资源融合、管理、分发、智能化服务调度等功能。通过建立此服务体系不但要实现保障海外业务的安全稳定发展，还要实现对企业空间生产数据的实时整合、海外生产现场的实施监控以及生产数据信息的及时反馈和应急方案的制订，同时也使生产调度指令能够准确快速地下达，进一步给中资海外企业业务的综合发展增加服务保障。

1.4.6　工程监管服务需求

国际合作国家覆盖中亚、东南亚、南亚、西亚、北非及东非等地区，而且沿途地形复杂、地理条件恶劣，自然灾害频繁发生。针对规模以上企业的车辆"点多、线长、面广"的业务现状，需要对车辆进行统一管理与监控，提高生产安全与生产效率。同时面向各类海上物流运输业务，国际合作相关国家的船联网企业需要借助空间信息服务保障的支撑。

1.4.7　运维培训服务需求

国际合作覆盖国家与地区较多，工作区域分布广，由于资金与时间限制，系统运行维护工作无法全部现场开展。同时，由于各国管理与技术人员水平参差不齐，对系统的掌握程度也差别较大，为了更好地适应工作需求，必须对相关工作人员进行系统地培训和指导，以适应各类相关工作。远程维护应具备实时解决问题及处理差错能力，在最短时间内完成对系统的维护，保证安全有效运营。同时，各国技术与管理人员可以通过远程培训系统掌握相关知识与技能，以高效经济的方式对系统进行管理。

1.4.8 公共信息服务需求

随着企业信息化改革的全面推进，企业信息安全传输与保障成为亟待解决的问题。企业海外地区通信受到各类干扰而中断或全面瘫痪造成的损失不可估量，由黑客、情报人员窃取的信息将严重损害企业与国家利益，信息的安全已成为现今企业最重视的问题之一。在企业"走出去"的同时，需要建立配套应急信息与信息安全系统。各类公共信息服务作为信息安全稳定使用的保障具有重要的意义。

1.4.9 行业应用服务需求

随着社会的快速发展与劳动力成本的提高，很多行业逐渐改变单一落后的生产模式，同时随着安全生产呼声的提高，利用卫星应用改善工作条件与提升生产效率成为现阶段卫星应用的重要目标。大面积农业生产、电力系统巡线、石油管线数据服务等都是覆盖范围广、地理环境复杂、重要性高的现代生产需要解决的问题。通过建立工业与农业典型应用系统，利用卫星应用改善工作条件与质量，提高工作效率，保障人员生产安全。

参考文献

[1] 黄宇民，范一大，马骏，等. 中国遥感卫星系统灾害监测能力研究[J]. 航天器工程，2014（6）.

[2] 曹福成. 高分系列遥感卫星布设中国太空"慧眼"——我国高分专项建设回眸[J]. 中国军转民，2015（1）.

[3] THAICOM annual report. 2013.

[4] Euroconsult. Company profiles - fss operators: the complete analysis. 2014.

[5] Chulalongkorn University. Space Master Plan for Thailand 2004–2014 (English Version 0.91).

[6] Shah Murad. Regulation of space activities. Emerging Issues & Regulatory Challenges for Pakistan's Space Programme–2040. NATIONAL SPACE CONFERENCE 2012. Islamabad–Pakistan.

[7] Jawed Ali Qures hi. E arth O bservatio n Applications in Pakistan. 7th GEOSS AsiaPacific Symposium, 26-28 May 2014 Tokyo, Japan.

[8] Space Activities in Pakistan. 04 Dec 2014, APRSAF - 21. Tokyo Japan.

[9] Space and Upper Atmosphere Research Commission，Jane's Space Systems and Industry. 2012.

2 空间信息国际合作基础分析

2.1 成像卫星发展历程

2.1.1 20世纪50—60年代

这一阶段是光学成像卫星的探索阶段，以技术试验目的居多，50年代末60年代初，美国和苏联相继发展了"锁眼"（KH）、"天顶"（Zenit）等返回式光学成像侦察卫星系统，该阶段光学成像侦察卫星采用胶片返回式，工作时间较短，无法实时传输图像；主要采用折射相机，性能有限。

2.1.2 20世纪70—80年代

这一阶段是光学成像卫星的孕育阶段，美国开始发展传输型光学成像侦察卫星，民用陆地卫星开始业务化运行，并尝试陆地卫星商业化。这个时期，美国开始从胶片返回式卫星向传输型卫星过渡，1972年，美国陆地卫星-1（Landsat-1）的发射标志着空间对地观测进入应用时代，卫星图像数据首次实现以数字形式直接传输。至20世纪80年代，以美国和法国为首，开始进入向商业化探索和过渡的时期。1982年，法国国家空间研究中心（CNES）创建斯波特图像公司（SPOTImage），通过销售SPOT卫星数据来实现商业盈利。1984年，美国发布《陆地遥感商业化法案》，从法规上明确了卫星对地观测的商业化方向。

2.1.3 20世纪90年代至2010年

这一阶段主要航天国家全面进入高分时代，民用卫星向综合化发展。90年代初，由美国NASA牵头，多国合作，开始稳步实施"地球观测系统"（EOS）计划，对大气、海洋和陆地实施全方位监测，深入开展地球科学研究，提高地球环境监测技术水平。

进入21世纪以来，高分辨率对地观测技术发展迅速，在商业遥感政策的支持下，美国、法国、俄罗斯、以色列、韩国和印度等多个国家也都已拥有本国独立研制的高分辨率对地观测卫星，沙特、泰国、马来西亚、阿联酋等新兴航天国家均将光学成像卫星作为进入航天的首选领域，全球对地观测市场出现空前繁荣。

2.1.4　2010年左右至今

这一阶段光学成像卫星的发展特点是差异化发展。有两条主线，一方面，传统光学成像卫星向高、精、尖发展，逐步提升分辨率、多谱段成像能力、侦测一体能力、自主运行能力和多模成像能力等。另一方面，微纳遥感卫星星座凭借系统成本低、可集群/星座/组网运行、投入产出比高、发射/应用灵活度高、运营管理便捷等方面的突出优势，备受多方用户和商业公司青睐。微纳遥感卫星也是弹性体系的重要实施途径之一，可以降低单星系统复杂度和成本，少数卫星的失效不造成全系统能力明显下降，系统具备抵御风险能力。同时，微纳卫星星座可以高性价比支持大数据，进而以大数据促进人工智能应用发展。

2.2　国际遥感市场规模

根据欧洲咨询公司2019年7月的数据，2018年全球卫星遥感产业成为资金投入最多的领域，总投资达到117.7亿美元，相比2017年增长了1.4%。2018年全球共有65个国家投资了本国的遥感卫星计划，其中主要涉及各国的民用遥感卫星计划。图2-1为国外对地观测卫星应用市场现状，这些国家的民用遥感卫星计划预算占全球卫星遥感产业总预算的83%，这些预算大部分都投入到已有成熟的遥感卫星计划中，用于发展各国先进的遥感能力。其中商业遥感卫星制造产业收入为29.25亿美元（2018年全球制造业收入为195亿美元），占比58.2%，商业遥感卫星服务业收入为21亿美元，占比41.8%。

2018年全球年数据销售总额26亿美元，按照目前10%的年平均增长率，预测到2025年全球年数据销售总额约50亿美元。目前，国际上影响较大的遥感数据商业公司（欧洲Airbus、加拿大MDA），均实现了星座卫星遥感数据的分发和综合应用。

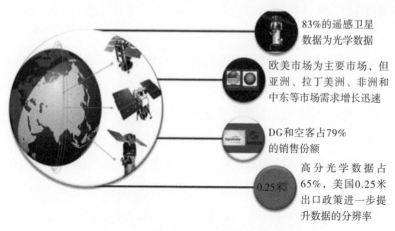

83%的遥感卫星数据为光学数据

欧美市场为主要市场，但亚洲、拉丁美洲、非洲和中东等市场需求增长迅速

DG和空客占79%的销售份额

高分光学数据占65%，美国0.25米出口政策进一步提升数据的分辨率

图2-1　国外对地观测卫星应用市场现状

国内对地观测卫星应用市场现状（图2-2），2019年优于2.5米分辨率卫星原始数据直接消费约5亿元/年（国外数据约占75%，国内数据约占25%），约8%的年平均增长率，预测2025年国内对地观测卫星应用市场，优于2.5米分辨率卫星原始数据直接消费约8亿元/年；数据后续处理加工应用服务等产业规模年均数十亿。

图2-2　国内对地观测卫星应用市场现状

2.3 市场结构分析

虽然过去10年商业航天市场发展迅速，但是各国政府依然是卫星的主要投资方，87%的卫星由政府出资建造与发射（包括所有主要航天国家和发展中国家的民用与两用卫星）。国外遥感卫星制造总收入大部分来自北美、欧洲等国家或地区，这些卫星大部分由本国制造商负责制造。但随着越来越多的新兴国家发展对遥感能力提升的迫切要求，国际市场正在成为遥感卫星制造商竞争的主要市场。未来10年内拟建设的遥感卫星系统中，约34%的任务制造商还未明确，主要集中在亚洲、非洲和美洲地区。商业遥感整体发展趋势方面，传统的商业遥感公司将继续完善补充现有星座，而新兴的初创公司开始探索低成本星座，并开展在轨卫星试验。目前的遥感下游产业主要包括商业遥感数据销售和增值服务两大部分。

2017年，全球多家遥感卫星公司兼并重组，加拿大麦克唐纳·迪特维利联合有限公司（MDA）收购美国的数字全球（DigitalGlobe）公司，行星（Planet）公司收购同为新兴企业的美丽大地公司（TerraBella）（原Skybox），呈现出"传统兼并传统，新兴兼并新兴"的同类并购热潮。另外，新兴遥感卫星公司已由最初的少数几家发展至近20家，受益于完备的政策环境和资金、技术推动，这些公司主要集中于美国。目前全球的遥感市场主要有以下3个方面特点与趋势。

（1）商业数据销售仍受国防用户对分辨率和定位精度要求牵引增长

一方面，由于国防用户是商业数据销售市场规模中占比最高的部分，所以商业数据销售市场主要受国防用户需求牵引发展。另一方面，目前大部分商业遥感卫星运营商均在不同程度上依赖于军用与民用政府用户出资支持。遥感卫星系统从研制到运营和数据应用都离不开政府资助。

（2）增值服务市场主要建立在商业销售数据和免费数据基础之上，民用政府仍旧是主要用户群体

目前遥感增值服务为民用政府、资源环境、农业林业等特定范围内的纵向市场提供增值产品与服务，图2-3为商业遥感下游市场规模现状与预测（按照用户划分）提供服务的公司数量多且分散。未来增值服务市场将受到低成本数据供给冲击，不过更高成本、精度数据仍然是国防用户分析的首选。未来基于位置服务

（LBS）将是最大增长点，图2-4为商业遥感下游市场规模现状与预测（按照用途划分）。

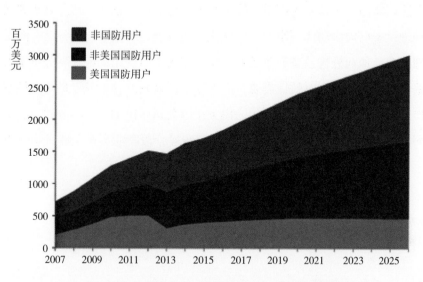

注：图中灰色部分主要都是美国NGA采购商业数据

图2-3 商业遥感数据规模现状与预测（按照用户划分）

类　别	2016 (百万美元)		2021 (百万美元)		2026 (百万美元)		10年复合年均增长率 (2015—2025)	
	数据	增值服务	数据	增值服务	数据	增值服务	数据	增值服务
国　防	1124	529	1461	922	1700	2000	4%	14%
自然资源监测	176	450	229	1013	250	1800	3%	15%
基建工程	184	1129	248	1744	300	3100	5%	11%
能　源	118	276	128	555	140	1100	1%	14%
位置服务	95	114	272	827	500	2400	18%	36%
海事服务	73	62	99	89	100	260	3%	15%
应急减灾	36	146	37	256	30	520	−1%	14%
其　他	29	745	29	1024	25	1000	−2%	4%

图2-4 商业遥感下游市场规模现状与预测（按照用途划分）

（3）未来打开新市场需要提升卫星的高重访能力，满足用户近实时监测需求

咨询公司预测主要发力点为新兴公司未来部署的遥感小卫星星座。目前，国外发达国家的卫星地面应用系统技术水平和可靠性均较高，高速对地观测数据接收处理设备已向多功能、小型、一体化方向发展，数据处理设备具有海量、自动处理能力，地面处理设备产业成熟。用户需求牵引变化，传统高分辨率大型卫星无法满足高重访数据时效性需要，而近年来高速发展的小卫星星座有望填补这一缺口。根据规划，未来行星公司、黑天全球公司（Black Sky Global）、鹰视技术公司（Eagle View）等或都采用低轨多星布局，最高能实现全球每小时重访能力。

2.4 应用业务分析

2.4.1 遥感数据销售

目前遥感数据销售市场主要增长依旧靠国防用途数据推动，国防用途数据购买占据2018年数据销售市场的61%，达到20亿美元。非国防数据购买市场也在稳步增长，尤其是在基于位置服务（LBS）方面增长明显。具体来看，遥感卫星数据市场中，国防部门占据绝大多数，来自非美国的国防部门的收入持续快速增长，最近5年年复合增长率为10%。在各类数据市场当中，1米以下超高分辨率数据需求主要来自国防部门。超高分辨率数据和高分辨率数据（1米以上）收入共计占83%，SAR数据收入共计17%。

目前遥感商业数据的价格范围从免费到每平方千米500美元不等。决定遥感数据价格的因素包括卫星技术参数（地面和频谱分辨率、定位精度），数据是否是存档数据（时效性越高越贵）。未来免费数据逐步放开将对商业数据销售造成冲击，另一方面进一步推动增值服务市场发展，但对国防用途数据采购不会造成太大影响。

根据欧洲咨询公司分析预测，未来10年商业遥感数据市场增长仍是平缓增长变化，预计年复合增长率为5%。预计将在2021年达到25亿美元，2026年达到30亿美元的市场规模，图2-5为遥感产业市场增长变化曲线。目前商业遥感数据市

场用户结构和数据类型垂直分布明确，形成了以国防用户为主导的发展需求牵引模式，光学图像与雷达图像市场占比较稳定。

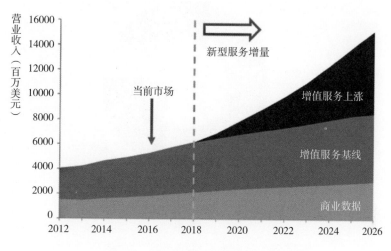

图2-5 遥感产业市场增长变化曲线

2.4.2 遥感增值服务

2020年全球卫星遥感增值服务（VAS）市场规模为55.6亿美元。增值服务提供商通常综合利用卫星（包括商业数据销售和免费开放数据）与航空遥感数据，以及GIS技术，为民用政府、资源环境、农业林业等特定范围内的纵向市场提供增值产品与服务。目前民用政府是最大的增值服务用户，增值服务市场规模与数据销售市场规模并没有直接对应关系。

2020年增值服务按照用途由高到低排序为基础设施（33%）、环境监测（22%）、国防（15%）、自然资源（13%）、能源（8%）等，见图2-6。

未来10年遥感增值市场增长与遥感数据市场增长类似，仍是平缓增长变化，预计年复合增长率为5%。预计将在2021年达到58.5亿美元，2026年达到74.6亿美元的市场规模。目前，国防用途仅占年全球增值服务的15%，与其在数据销售市场过半的份额相差甚远。与其相反，民用政府基础设施仅占数据销售市场的10%，但是却占据增值服务市场的34%。后续公司遥感领域发展应当注重军民结合，在保证提供面向环保减灾、农业的遥感数据增值服务的同时，支持提供测绘、海洋、气象产品，并深挖国防用户需求，提供大数据分析与卫星数据应用系统。

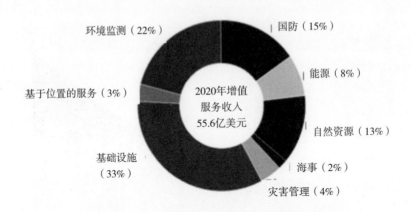

图2-6　2020年遥感增值服务市场统计

2.4.3　军用遥感卫星应用

　　军事遥感卫星主要用于战略情报收集、战术侦察、军备控制核查和打击效果评估等目的。国外高度重视军用侦察卫星的发展，同时越来越多的国家和地区重视通过商业卫星为军方服务。在商业卫星军事应用方面，目前，商业卫星最大用户仍然是军事和政府部门——其在卫星运营商收入中所占的比例超过50%。例如，NGA负责为美军统一购买和处理商业卫星图像，并进行图像情报（IMINT）的分析研究以及生成基础的测绘数据和战时面向任务的数据。

　　目前使用的亚米级和1米级商业遥感卫星，在技术水平上已经超过大多数国家的军用侦察卫星，所收集的情报已经能够发现绝大多数军事目标，识别出火炮、飞机和车辆等单件武器装备，情报的信息量大大增加，完全可以帮助识别敌人的薄弱环节，制定军事行动计划，评估打击效果以及为后续的打击行动确定打击目标的优先次序。另外，高分遥感卫星在军事上的应用已经向战术战役层面延伸，直接支持作战，美国已经基本实现了从"传感器到射手"链接应用。近期各国军事关注点主要集中在加紧建设各种航天信息战术应用系统、加速提供高分遥感影像的实时共享能力和战术应用能力。

2.5　主要企业情况

商业遥感在发达国家已形成一定规模，在满足国内需求的同时，一直在开拓国际市场。由于发展背景不同，商业遥感发展企业可归纳为3种类型，即私营、公私合营和代理3种。私营企业是指由企业自筹资金发射遥感卫星并独立开展商业运营；公私合营企业是指企业与政府合作发射遥感卫星，由企业负责民用遥感卫星商业化运营；代理企业是指企业代理别国遥感卫星数据开展商业化运营。

2.5.1　私营企业

美国商业遥感公司的发展是最典型的私营模式，见表2-1。截至2018年年底，NOAA（National Oceanic and Atmospheric Administration, US）颁发的有效遥感卫星牌照有37个，分属21家机构，卫星类型包括光学、SAR、超光谱和科学实验卫星等。其中，Digital Globe公司是美国以及全球最重要的私营公司，当前握有10颗高分辨率光学遥感卫星牌照。Planet Lab和Terra Bella公司是新兴商业遥感公司，主打小卫星星座系统，其中Terra Bella公司一次就获得了24颗小卫星运营牌照，值得关注。此外，NOAA也颁发了静止轨道卫星牌照，其中GeoMetWatch公司握有6颗静轨超光谱卫星牌照，Tempus Global Data公司握有一个静轨星座牌照，两家公司均面向气象领域提供服务。在私营模式中，德国给RapidEye（现在的Black Birdge）公司颁发了商业牌照，英国给DMCii颁发了DMC-3星座牌照。由此可见，私营模式日趋成熟。

2.5.2　公私合营企业

法国商业遥感发展是典型的公司合营典型，见表2-2。法国空间研究中心（CNES）委托Airbus公司运营SPOT卫星系列，在确保满足法国应用需求前提下，Airbus公司可将SPOT卫星系列进行商业化。法国的公私合营模式取得了很好的效果，CNES后续的Pleiades民用卫星依然采取该模式。意大利E-goes是另一个公私合营模式的典范，该公司由意大利政府和Thales公司组建，专门负责高分辨率SAR星座COSMO-SkyMed的商业运营。此外，加拿大、德国、日本和韩国等也

表2-1　美国私营遥感卫星有效牌照统计

序号	公司	卫星	授予日期	类型	牌照指标	主要业务范围
1	AMSAT-NA	Fox-1	—	科学实验卫星	—	非盈利性组织，计划建设立方星家族
2	BlackSky GlobalPrivate RemoteSensing	BlackSky System	2014.02.05			计划发射60颗遥感小卫星打造近实时全球对地观测网
3	CalPolyU	CP-8	—	超光谱遥感实验卫星	—	加州州立理工大学科学卫星
4		CP-10		科学卫星		
5	DigitalGlobe	IKONOS	1996.01.10	光学	PAN：1.0m；MS：4.0m	面向政府和军方提供高分遥感影像、信息和高级分析处理业务
6		GeoEye-1	2004.05.26	光学	PAN：0.41m；MS：1.65m	
7		GeoEye-2/3	2006.01.10	光学	PAN：0.31m；MS：1.24m	
8		QuickBird-2	2000.12.06	光学	PAN：0.61m；MS：2.44m	
9		QuickBird-Followon2	2000.12.06	光学	PAN：0.5m；MS：2.0m	
10		WorldView-1/2/3/4	2003.09.29	光学	PAN：0.25m	
11	GeoMetWatch	GMW-1-6（静止轨道）	2010.09.15	超光谱	PAN：300m；V/NIR：500m HyperSpectral：2000m	借助寄宿在商业通信卫星上的气象监测传感仪，为政府机构、对气象敏感的商业机构提供气象和天气预报数据
12	KentuckySpace	KySat-2	—	学生实验卫星	—	学生实验卫星
13	NanoSatisfi	ArduSat-1/x	—	学生实验卫星	—	学生实验卫星和技术验证卫星
14		ArduSat-2	—		—	
15		ArduSat-3	—		Visible：13m IR：1000m	
16		Lemur-1	—	技术验证	Visible：5m IR：1000m	
17	ThePlanetary Society	LightSail-A/B	2014.10.15	技术验证		技术验证卫星

续表

序号	公司	卫星	授予日期	类型	牌照指标	主要业务范围
18	PlanetLabs，Inc[Flock星座（28颗）	Dove-2	2012.05.04	技术验证	—	拥有全球最大的卫星星座，小卫星制造创业企业
19		Dove-3&4	2012.09.05	技术验证	—	
20		Flock-1	2013.09.26	光学	3~5m	
21		Flock-1b	2014.05.07	光学	3~5m	
22		Flock-1c	2014.05.07	光学	3~5m	
23		Flock-1d	2014.10.15	光学	3~5m	
24	SalishKootenai College	BisonSat	—	教育演示	43m	教育演示
25	TerraBella	24颗小卫星	2013.11.20	—	—	被谷歌收购，一方面将卫星图片商业化，另一方面可改进GoogleMap甚至ProjectLoon
26	SouthernStars	SkyCube	2013.02.01	教育演示	—	教育演示
27	SaintLouis University	Copper	—	技术演示	—	高校技术试验与验证
28	TeledyneBrown Engineering，Inc	MUSES	2013.11.05	光学	PAN：1m HyperSpectral：15m	特莱丁瑞安航空公司，借助美德商业空间成像合作关系，提供遥感卫星数据服务
29	Tempus GlobalData，Inc（气象应用）	TEMPUS（静止轨道、星座）	2014.07.15	光学	PAN：1000m HrperSpectral：4000m	提供气象卫星数据与应用服务
30	UniversityOf Alabama，Huntsville	Charger Sat-1	2013.09.17	技术验证	—	高校技术试验与验证
31	UniversityOf California，Irvine	UCISAT-1	2010.11.17	光学	—	高校技术试验与验证
32	UniversityOf Hawaii	HawaiiSat-1	—	技术验证	22.5m	高校技术试验与验证
33	Universityof Michigan	M-Cubed M-Cubed-2	—	技术验证	—	高校技术试验与验证
34	TheUniversityof NewMexico	ORSSquared	—	技术验证	—	高校技术试验与验证
35	TheUniversityof TexasatAustin	Race	—	技术验证	—	高校技术试验与验证
36		Bevo-2	—	技术验证	—	高校技术试验与验证

采取该模式充分挖掘民用遥感卫星的潜在经济价值。

表2-2　国内主要数据服务代理商

序号	公司名称	公司业务简介	卫星数据产品
1	东方道迩	从空间信息业务咨询、空间信息领域解决方案到中高分辨率多源数据获取与处理、海量空间数据管理与建库、系统开发与集成、共享平台建设与服务	Plelades、IKONOS、GeoEye-1、COSMO-SkyMed、Cartosat-1、RapidEye、WorldView、QuickBird
2	长光卫星技术有限公司	建立从卫星、无人机研发与生产到提供遥感信息服务的完整产业链，研发的"吉林一号"组星在轨12颗，可为各行业领域提供高效及时的遥感信息服务	吉林一号、ZY-3相关镶嵌产品、融合产品、视频产品、立体产品，夜光产品
3	中国资源卫星应用中心	负责建设我国陆地对地观测卫星数据集中处理中心、统一存档中心、统一分发中心	高分系列、环境系列、CB-4
4	中国四维测绘技术有限公司	国内首个高分辨率遥感卫星——高景卫星星座的建设运营，目标是加速发展成为国内领先、世界一流的遥感卫星运营与服务商	GJ-1、高分系列、资源系列、环境减灾系列、美国Worldview、韩国KOMPSAT
5	航天世景	中高分辨率遥感原始数据服务、基础地图服务、专业地图服务、行业应用解决方案和地理信息大数据平台建设方案	SuperView-1、Worldview、GeoEye-1、Quickbird、IKONOS、DEIMOS-2、ALOS、GF-1/2、ZY-3、天绘1号、天绘2号
6	中科遥感科技集团有限公司	遥感卫星数据处理加工、信息产品生产、区域、行业。大众应用服务	GF-1/2、ZY-3、Skysat、Planet
7	苏州中科天启遥感科技有限公司	遥感数据及其他数据处理与加工	ZY-3、GF-1、GF-2；ZY-3 DSM/DEM
8	北京揽宇方圆公司	专业从事卫星遥感影像数据服务公司，并拥有10多项自主产权的遥感卫星影像处理软件。	Worldview-1/2/3、Quickbird、Geoeye、Ikonos、锁眼卫星、Planet、Pleiades、SPOT系列、ZY-3、GF-1/2/6、高景卫星、北京二号、Terrasar-x、Rapideye、Radarsat-2

2.5.3　代理企业

我国的东方道迩公司最为典型，该公司曾是国内遥感数据种类最多的公司，代理了全球大部分民用、商业遥感卫星数据。该模式的公司较多，Digital Globe和Airbus公司数据的营销很大一部分依赖该类型公司。

2.6　发展热点及趋势分析

2.6.1　遥感卫星制造商与运营商进一步兼并重组

麦克萨技术公司将成为卫星遥感行业的"巨无霸"企业，重塑全球卫星遥感市场格局。一方面，形成遥感卫星制造与运营、地面站制造的垂直集成能力，启动研制新一代遥感星座系统——世界观测军团（World View Legion），发展亚米级高分辨率小卫星星座，具备对全球局部地区每天40次重访能力。新一代遥感星座系统预计2020年发射，届时，新公司将运营光学与雷达兼备、最高0.3米空间分辨率和快速短周期重访的遥感星座，获得多类型遥感数据交叉销售机会，抢占更多市场份额，改变当前新兴商业遥感公司崛起导致的不利局面。新公司将占据全球卫星遥感市场六成以上份额，成为全球最大的卫星遥感图像和信息服务提供商，进一步拉大与其他竞争者的领先优势，极大地挤压其他竞争者的发展空间。全球目前遥感市场仅剩两大巨头，另一个则是空客集团公司。

此外，新兴遥感公司继续兼并重组，行星（Planet）公司收购同为新兴企业的美丽大地公司（Terra Bella）（原Skybox）。遥感卫星市场将继续按照"传统兼并传统，新兴兼并新兴"的规律同类并购。新兴对地观测公司已由最初的少数几家发展至近20家，受益于完备的政策环境和资金、技术推动。

2.6.2　遥感增值服务运营商规模小且分散，未来将成为市场发展的主要增长点

目前传统遥感数据销售市场主要仍受国防用户需求牵引，市场整体趋于稳定，主要收入由2家综合公司垄断。根据咨询公司分析，增值服务市场全球产业规模虽然是数据销售市场的2倍，但是分散在全球超过1000家小型公司中，并且这些小型公司收入规模普遍小于每年200万美元，与传统公司垄断化存在明显区别。

随着商业数据单价降低与开源数据增多，遥感增值服务运营商将会成为未来遥感产业市场发展的主要增长点。据分析，基于位置服务（LBS）将是成为整个遥感产业市场份额最高的应用类型。

2.6.3　建立要素齐全的全球性综合观测系统

可以预见2030年气候变化和生态环境等问题依旧是全球热点，也是政府和科学研究机构在民用方面应用的首要任务。只有采用一体化的方法来收集和分析数据，将地球科学作为一个整体进行综合观测，以全球性的整体观、系统观和多时空尺度来研究地球整体行为，加深人类对生存环境的认识。

欧洲和美国已提出一系列环境要素观测计划，在地球科学研究和对地观测系统建设方面，都将系统开发的重点放在各种高性能载荷技术和应用技术，受各种经费等条件制约，卫星大量采用了公用平台，这些卫星采用公用平台既降低了成本，又缩短了研制周期，保持了卫星的继承性，实现了卫星的系列化。

在对地观测系统设计和建设方面，整体协同设计部署各种探测手段和卫星，如全球性综合要素观测系统是建立在多种卫星系统之上的"系统的系统"，各卫星不再是分立的系统，而是通过全球性综合要素观测系统形成统一的整体。全球性综合要素观测系统预计2030年已经筹建完成，并持续运行一段时间，形成天、空、地一体化的地球科学卫星系统，可以对地进行多层次、多尺度、多专题、多光谱综合、连续和协同的观测。

2.6.4　高轨对地监测系统寻求技术突破

从国外的发展情况来看，高轨成像卫星技术是由众多瓶颈技术构成的，依照目前的技术能力，实现起来还非常困难。从总体来说，光学高轨成像卫星目前已经有部分技术初步具备了空间演示验证的条件，但距离真正实现高轨成像能力存在较大差距；而对于高轨雷达成像来说，技术难度和工程问题更加困难。从总体来说，目前国外高轨成像卫星还处于理论研究阶段，工程化实现还有很长一段路要走。

国外在发展高轨光学成像卫星技术方面进行了一系列的研究和探索工作。一方面从缩小体积和减轻重量两个方面进行努力和尝试；另一方面也积极探索新型成像技术，以求另辟蹊径，达到简化光学成像系统结构，实现等效观测能力的效果。近20年来，美国没有明确的高轨高分辨率成像系统的项目进行开发，但并不等于美国没有在相关技术方面进行研究，根据分析研究可以清楚地看到美国一直在高分辨率天文观测望远镜方面投入巨大，而其中的绝大多数核心技术都可以转化到超高分辨率对地成像系统中，正如30年前美国KH系列侦察卫星与哈勃天文望远镜采用同样的光学系统一样。

据美国空军在2009年发布的"天基持续监视2030"研究报告，2009年时可展开光学技术的空间应用已处于技术成熟度4级，即地面实验室演示验证阶段；2020年达到技术成熟度6级，即具备立项条件和初始在轨应用能力；预计2030年达到技术成熟度9级，即具备成熟应用能力。预计2030年，高轨对地观测系统在高分辨率载荷技术可取得突破，低分辨率高轨对地观测系统可以达到实用阶段。

法国在2004年后也提出了未来成像卫星体系发展规划，即由LEO卫星提供超高分辨率可见光和红外图像，由MEO卫星增强重访率和覆盖能力，由GEO卫星提供长期连续的中高分辨率图像；在技术实现途径上，基于可展开单一主镜成像系统和稀疏孔径成像系统，计划于2030年前分辨率提升至0.7米。

2.6.5 高分辨率成像系统商业化运行

高分辨率成像系统发展需求旺盛，发展迅速，2020年高分辨率成像系统发展到0.5米以下分辨率的水平，而且可以做到很好的商业化，为广大用户、科研单位提供了大量而有效的数据，建立了基于高分辨率成像数据的"数字地球"。

2030年，高分辨率成像系统组建完成，规模化、高速率的数据传输技术将取得突破，在空间上组网成功，并提供大范围的、成熟的商业化产品，向网络化的对地观测系统大幅度迈进。

星载干涉合成孔径雷达（InSAR）也达到商业化水平。InSAR是微波遥感的一个新方向，能大面积获取地面三维信息，广泛用于资源调查、环境监测、灾害预报和军事侦察等领域。当前的星载InSAR处理的雷达数据受到了一定限制，如ESA的ERS-1/2卫星，采用的是重复轨道干涉测量模式，获取SAR数据会受到当时大气干扰，利用InSAR编队飞行技术克服常规InSAR的限制，获取全球高精度的数字高程模型数据，并保证产品精度的稳定性。比较有代表性的是，德国航天局（DLR）的Terra SAR-X/Tan DEM-X雷达遥感计划和法国的Cartwheel概念，引起了国际遥感领域的关注，应用潜力不可估量。

2.6.6 产品视频化初现端倪

长期以来，卫星商业遥感公司向用户提供的卫星数据产品一直是不同类型的图像产品或数字高程模型产品。Skybox公司发射可以提供1米级视频的业务型卫星Skysat-1卫星，不仅标志着卫星视频拍摄技术从技术验证向业务应用过渡，而且极大地丰富了卫星商业遥感公司的产品类型。越来越多的公司，比如加拿大"地球直播"公司和英国萨里公司，正在陆续推出卫星视频产品。与图像相比，视频可提供目标凝视能力，实现对目标的动态变化跟踪，具备大幅提高客户决策准确性的潜力。可以预见，卫星视频将成为未来商业遥感市场的主流产品方向，为用户提供目标凝视能力。

2.6.7 商业化发展仍处于探索阶段，多种商业模式并存

以美国为例，Digital Globe公司与BALL公司合作关系密切，更像是BALL公司的一个子公司，其卫星均采用传统的平台+有效载荷的设计模式，卫星平台均选用BALL公司的BCP系列平台；而Geo Eye公司则更加独立，自由选择硬件供应商和系统集成商。以色列ISI公司组建了一个单方设计制造、多方参与经营的商业协作模式。欧洲在商用光学遥感卫星的发展上基本依赖于传统的卫星制造公司（EADSAstrium公司），通过全面采用最新技术，发掘整星及其分系统能力，从而在整星性能、能力上赶上或超过了美国同类的卫星。

Skybox Imging公司和Planet Labs公司等新兴遥感公司又对遥感商业模式进行了创新，呈现出如下新特点：

（1）这些公司不是航天事业的传统企业，而只是一些风投扶持下的创业公司。

（2）这些公司以微小型卫星研发为主，通过利用成熟的民用技术，控制卫星的研制和运行成本，来提高市场竞争力。

（3）这些公司通过发射大量的小/微小卫星，组成星座或星群，极大地提升遥感系统的对地重复周期，能够更频繁地重访地区上任意区域，因此，这些公司的数据更新率更快，更受应用者青睐。

2.6.8 基于互联网面向大众服务的商业模式成为商业化发展新方向

新兴遥感商业公司借助互联网，不断推动遥感的大众化服务模式。天空盒子成像公司将利用卫星图像或视频数据建立一种全新的关于地球的大数据库，汇集所有相关卫星数据——包括公司自身的卫星图像和公共卫星图像等；基于互联网平台向客户提供类似亚马逊公司云服务的地球数据云服务，用户通过付费便可利用这些资源来建立自己的算法，开发适用于自己的应用。地球云数据库包罗万象，从农业产量信息到商场消费者信息等一应俱全。比如，我们可以通过天空盒子成像公司的卫星持续观察目标任务的动向，用户可按需利用这一技术分别在农业、机场、安防和金融业等众多领域得到广泛应用。

遥感的商业化过程正在从出售数据向出售信息转型，强调为用户提供增值服务。鉴于目前非专业人士很难对卫星拍摄的原始图像进行解码或处理的现实情况，行星实验室等新型商业遥感公司将向客户出售信息而非数据。他们交付给客户的不是图像或视频，而是通过算法得出的图像中的含义，即分析结果。比如，利用一套算法对卫星数据分析，可以得出输油管线的泄漏点或者可以统计出超市的停车场停了多少辆车并估计出公司的盈利情况。

互联网思维模式的引入，为遥感应用的商业化发展，特别是面向大众服务的商业市场拓展，指引了新的方向。

2.6.9 商业化发展的重点是整合与用户使用相关的业务

目前商业遥感卫星公司Digital Globe、Geo Eye实际上并不负责卫星的设计和研制，其主要业务是向用户提供不同类型、等级的图像产品。其业务范围还主要包括市场调研、用户需求分析、遥感卫星系统指标设计，以及遥感卫星的数据接收系统建设（或租用）、日常业务运营、辐射定标、几何定标技术研究等方面。同时，针对特定用户需求开发遥感图像应用软件也是其业务的重要组成部分。

可见，遥感卫星的商业化发展是将遥感卫星研制的"前期分析论证"和"后期图像应用"相关业务整合到一起，组建起专门的商业公司进行运营管理，而使政府部门、用户不再直接与卫星研制方直接接触。使得遥感卫星领域的产品更加规范、专业化分工更加彻底、竞争更加有序、金融/保险等手段运行更加顺畅、资金使用更加合理、成本和进度控制更加有效。

2.6.10　基于云计算的大数据分析技术发展迅猛

根据咨询公司报告分析，基于云计算的大数据分析技术发展已经日趋成熟。科技公司从2005年开始研究大数据存储，发展到2013年已经具备全面数据分析和应用能力，见图2-7。

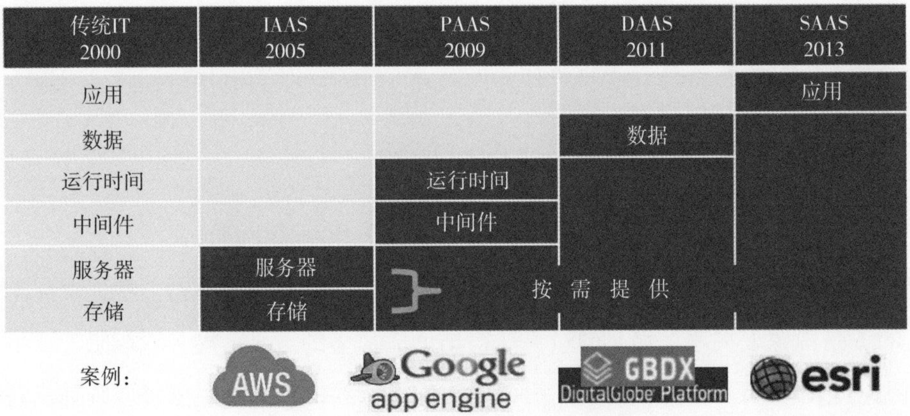

传统IT 2000	IAAS 2005	PAAS 2009	DAAS 2011	SAAS 2013
应用				应用
数据			数据	
运行时间		运行时间		
中间件		中间件		
服务器	服务器		按 需 提 供	
存储	存储			

案例：
 AWS　Google app engine　GBDX DigitalGlobe Platform　esri

图2-7　大数据分析应用的发展阶段图

根据2018年8月NSR发布的最新版卫星大数据分析研究报告，见图2-8，2017年全球基于卫星大数据分析市场规模达到6.9亿美元，预计2027年将能达到30亿美元的规模，预计10年年复合增长率达16%。

按照应用类型划分，2017年排名靠前的应用为交通（包括航空、海运、铁路与公路）、政府和军用分析（包括军情用户、国际组织）、能源（包括石油天然气公司、城市管理、采矿等）。

目前卫星大数据主要应用在通信与遥感两个领域，预计2027年两类应用规模将平分卫星大数据分析市场，遥感部分成为主要增长点。遥感大数据分析市场价值链按照增值服务—信息产品（IP）—大数据应用逐级深化，而通信大数据分析市场价值链则是按照服务提供商—系统集成商—分发商逐级深化（图2-9）。

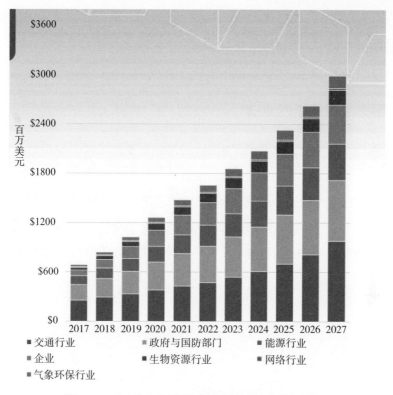

图2-8 2017—2027年卫星大数据分析市场规模图

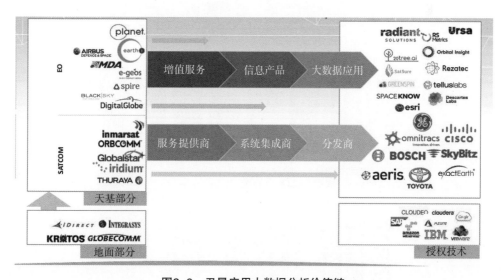

图2-9 卫星应用大数据分析价值链

2.7 产业链及产业阶段分析

2.7.1 国际卫星遥感产业链

卫星遥感及空间信息服务从产业链区分3个方面，上游的卫星制造与发射、中游的卫星数据处理、下游的卫星数据应用，如图2-10所示。①上游为卫星的制造与发射，包括卫星平台及载荷制造、地面控制站等地面设施建设、火箭发射产业。②中游包括卫星的运营管理，即地面系统、测控及不同卫星载体的运营测控；基于地理数据的分析处理流程（包括原始数据的解码、辐射校正、去噪、

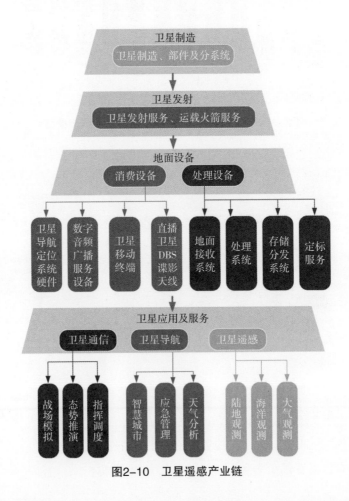

图2-10 卫星遥感产业链

CCD拼接、几何校正、镶嵌、均色、裁切等）的产品生产系统。③下游为军方、政府客户、企业用户、大众客户构成的终端客户，企业通过遥感卫星获取相关数据后，根据客户需求提供相关影响产品及服务。

2.7.2　国际卫星遥感产业链发展阶段判断

国际卫星遥感产业经过几十年快速发展，已经形成较为成熟的产业。卫星遥感产业的发展阶段正处于资源整合期（表2–3）。

表2–3　国际卫星遥感产业研判依据

判断因素	产业特征	研判依据
市场需求及增长率	市场平稳增长	美欧市场规模保持增长，但增长率稳中有降；未来主要的增长点将从发达国家向亚洲、非洲转移，亚太市场将可能出现大幅增长
企业数量和集中度	集中度高	企业数量平稳，市场集中度较高。截至2020年年底，全球主要卫星提供商10余家，遥感卫星制造商数量相对较少
技术与产品	技术成熟产品创新	高分遥感卫星观测技术已经发展成熟，SAR与InSAR卫星技术正在快速发展，大数据分析与人工智能成为新亮点
竞争程度	垄断竞争	卫星遥感领域的大型企业已经形成稳固的规模优势，对于新参与竞争的企业来说壁垒较高，小卫星与增值服务因门槛较低，竞争激烈
盈利状况	利润浮动	发展中国家卫星系统要求越来越高，0.5米空间分辨率和10年以上寿命从原来的高端变成基本要求；小型化、智能化载荷及平台和低成本发射导致系统交付价格出现断崖式下跌

2.7.3　产业发展环境分析

（1）国外：技术成熟推动遥感产业全面商业化

卫星遥感产业的发展经历了3个时期，分别是萌芽期、政府拉动期、全面商业化时期，目前正处于从政府需求驱动到商用需求驱动的转变阶段。

全面商业化时期：政府驱动的商业遥感发展模式下，市场垄断严重，采购成本高昂、订购周期长，只有军方、政府有能力有意愿购买遥感数据产品。直到2015年，国外也仅有50余颗卫星能够拍摄高分辨率照片，即便是航天实力最强的美国仅有12颗高分辨率光学成像卫星在轨正常运行，商业化推广进度缓慢。但是近年来，随着上游成本降低、中游技术升级、下游智能化发展，同时叠加审核和许可制度的进一步放宽，卫星遥感全面商业化的条件才真正成熟，政府以外更广阔的商用、民用市场得以打开。

卫星遥感产业进入全面商业化阶段主要得益于上、中、下游关键技术的日益成熟。制造发射成本的降低、原始数据质量的提高、数据加工及需求定制能力的提升，催化了商业市场需求的释放。

上游：小卫星组网技术成熟，商用化成本大幅降低。小卫星组网即单次或多次发射上百颗乃至数百颗小卫星，组成低轨卫星星座，充分利用小卫星系统覆盖范围大，可多层次、全谱段获得目标多源信息的特点，能够向用户提供具有精确时间和空间参考的多要素融合处理的高可信度信息。小卫星面向中低轨道卫星应用，按照"湿质量（自身质量+燃料质量）"划分为小卫星、微小卫星、纳卫星和皮卫星。相比大卫星，小卫星在研制周期、研制成本、发射成本方面具有非常明显的优势，为大规模组网和商用化提供了有力的技术支持。

中游：空间分辨率及光谱波段数不断提升，亚米级及高光谱契合商业市场需求。随着对地观测技术的进步以及人们对地球资源和环境的认识不断深化，用户对高分辨率遥感数据的质量和数量的要求在不断提高。卫星影像的地面分辨率逐步由10米、5米、2米、1米提升至0.16米甚至更高。要实现卫星遥感的大规模商用，亚米级分辨率及高光谱图像的数据获取能力是必须的。因此技术的升级和政策限制的放开缺一不可。目前World View-4商用遥感卫星的全色精度已达0.31米，多光谱达1.24米，商用遥感数据的实用价值不断提高。

下游：数据加工用AI等技术替代人工，大幅提升面向多客户的服务能力。在遥感和对地观测领域，不同成像方式、不同波段和分辨率的数据并存，遥感数据日益多元化；伴随数据获取速度加快，更新周期缩短，数据量呈指数级增长，呈现出明显的"大数据"特征。因此，遥感数据的直接可读性较差，在使用软件工具加工以形成客户可用的资源时，往往依赖专业人员操作，效率相对较低，一定程度上制约了卫星遥感的商业化、民用化推广。但是，近年来随着遥感大数据云、人工智能等技术的发展，对于原始数据的处理，以更高的效率更低的成本进行数据加工，拓宽客户群体，推动商业化发展。

（2）各国纷纷出台遥感卫星计划，商业模式趋于成熟

通过全球商业遥感产业的发展轨迹可以发现，在这一高技术、高投入、高敏感的军民融合领域，要实现真正的商业化发展，必须依赖两个关键要素：①政策支持标准放宽。②上游卫星制造及发射成本降低。目前这两个关键要素已经成熟，世界各国越来越重视卫星遥感的发展，越来越多的国家开始建立自主可控的对地观测系统。目前，行业整体处于新一个发展阶段的起步期，不仅行业存量玩家老树开新花，而且涌入了大批手握大数据、人工智能等新兴技术的新玩家，相关企业相继提出雄心勃勃的发展计划。

随着产值逐渐由上游向中下游转移，业务集中于数据获取、销售和增值服务环节的企业有望迎来市场需求的成倍增长。根据数据自有和外来可分为两种商业模式。

模式一：公司自主设计卫星，然后委托卫星制造商生产卫星并通过商业发射完成入轨以及组网任务，搭建好的遥感卫星星座一般由公司自己负责运营。公司主要通过提供卫星遥感大数据产品、空间信息综合服务等方式取得收入。卫星遥感大数据产品的价格是由数据获取成本、数据规模（一般以面积平方千米为计量单位）、精度（分辨率、比例尺的高低）、加工处理成本等要素所决定的。空间信息综合应用服务的价格是以系统开发工作量、数据规模、空间信息生产、采购成本为基础，通过与客户商洽或参与竞标最终确定的。由于模式一企业涉及更上游产业链，因此相对来说业务模式更为多元化，但对于资质的要求也更高。

模式二：公司不具备自有卫星系统，主要从外部获取数据。模式二公司一般拥有核心的软件平台产品，具备"数据+平台+应用"的一体化服务能力，在数据的集成、处理、可视化以及面向客户定制化能力等方面具有相对突出的优势。模式二公司主要可通过软件销售与数据服务、技术开发与系统集成、终端产品销售等方式实现盈利。在数据来源的多元化趋势下，模式二公司在数据整合和一体化服务能力方面更具优势，可以根据客户需求提供更有针对性的定制产品，并且在卫星遥感、卫星定位、地面雷达网等多网合一的大背景下，形成一套全方位的数字地球产品。

参考文献

[1] 欧洲咨询公司. 2019年中国航天产业报告[R]. 纽约: 2020.

[2] 欧洲咨询公司. 卫星对地观测：至2024年的市场预测[R]. 纽约: 2014.

[3] 宇博智业. 2020—2025年中国航空航天行业市场需求与投资咨询报告[R]. 北京: 2020.

[4] 艾瑞咨询. 2019年航天云网企业报告[R]. 北京: 2019.

3 中国海外企业空间信息保障服务网研究

3.1 研究目标

建立中国海外企业空间信息保障服务网，通过现代信息科技的应用，提高海外人员财产安全保障和业务运营的信息保障。综合运用通信、导航、遥感卫星技术，面向航天、通信、石油、电力、交通、农业、城建以及水利等多种行业，保障海外企业业务运行过程中涉及的人员、车辆、船舶、管线、工程机械、材料物资等的信息管理、行业应用和安全方案，为"走出去"的中国企业海外业务提供以安全生产为主的信息化保障服务，同时可以应对自然灾害、公共安全和卫生安全等多方面的问题。通过海外企业空间信息保障服务网的应用来保障中国企业海外业务在当地开展的准确性和时效性，降低企业业务运营成本，提高企业运转效率，支撑我国国际合作战略实施。

3.2 技术可行性分析

我国空间信息技术及其应用已进入成熟阶段，完全可以支撑国家开展中国海外企业信息保障服务。具体技术可行性通过如下三点说明。

3.2.1 天基空间信息技术应用成熟，具备天基信息应用海外支持基础

20世纪50年代创建以来，在中国政府的大力支持和经济社会发展的推动下，中国遥感、通信、导航卫星技术快速发展，取得了举世瞩目成就。迄今为止，中国已发射了近200颗卫星，目前拥有的上百颗实际在轨运行卫星，应用卫星已实

现从试验型向业务服务型的转变。

高分辨率对地观测系统工程中的高分系列卫星已成功发射，地面观测分辨率真优于0.8米。基本建成了风云、海洋、资源、测绘等遥感卫星系列，以及环境与灾害监测预报卫星星座，实现了业务化连续稳定运行，并正在有计划地完善全球、全天候、多光谱、三维、定量遥感的遥感卫星监测能力。

中国自主发展了三代东方红系列通信卫星平台，研制了20多颗固定业务通信广播卫星系统，为全球约58%的陆地面积、80%的人口提供电视转播、通信广播服务，卫星波束覆盖亚洲、大洋洲以及欧洲和非洲的部分地区。中国航天既是这些通信广播卫星的制造者，也是运营服务商。

北斗卫星导航系统工程已正式建成区域卫星导航系统并投入运营。系统向中国及东南亚、西亚、东欧等国家和地区提供连续无源定位、导航、授时等服务，定位精度优于10米，并可提供短报文通信、双向授时等服务。

3.2.2　地基空间信息技术广泛应用，具备在海外开展建设及运维技术条件

经过近半个世纪的发展，我国已基本建成完整的航空航天地面基础设施工业体系，资源、海洋、气象、环境减灾、固定通信广播、数据中继等卫星通信基本保障体系已建成，已形成良好的通用卫星商业运行模式，北斗导航系统已提供区域服务，已经具备通信、导航、地球观测三大卫星系统的研发和运管能力。

近年来，中国航天企业走出国门，对外提供全球综合观测、信息传输、导航定位等服务，能够保障各个领域长期、持续、稳定的空间信息需求，为委内瑞拉、巴基斯坦、埃塞俄比亚、苏丹、埃及等提供全套的卫星设计、发射、配套基础设施建设，取得了良好的成绩。

3.2.3　空间信息应用服务技术已在各个行业开展，并可常态化运行

在卫星综合应用与服务领域，我国已经具备了包括科工局、中国科学院、国家测绘局、国土资源部、农业部、水利部、减灾委、环保部、高等院校等为主的研究与应用团队，更大力培育了一些省级遥感应用团队，空间信息技术服务企业也不断增多。

卫星综合应用不仅在资源（含能源）开发、粮食安全、海洋权益、应对气候变化等重大战略领域发挥了不可替代的积极作用，还广泛服务于国土资源、环境保护、农林水利、交通运输、防灾减灾、公共安全等国民经济重要领域。

近年来，我国开始走向世界，为一些国家，包括澳大利亚、泰国、老挝、缅甸、埃及、科特迪瓦、委内瑞拉等国，提供国土资源、气候变化、农业监测、灾害应急、禁毒等领域的遥感应用技术服务。表明我国卫星综合应用领域已经具备了对外技术输出的能力。

3.3 总体设计

3.3.1 系统架构

海外企业空间信息保障服务网系统结构由用户终端层、应用服务层、应用支撑层和基础支撑网络层4层构成，见图3-1，主要包括1套保障数据服务平台、1套应用平台系统、1套应用服务平台、1套传输网络以及1套基础支撑网络。

其中数据管理服务层主要包括保障数据服务平台；应用平台层主要包括面向遥感、通信及导航服务的专业应用平台系统；传输层主要依托国际合作应急通信系统，包括地面有线、地面无线、卫星等各类通信信道资源；应用服务层主要包括应用服务系统，其中应用服务系统包括1套企业海外协同办公系统、1套海外企业应急信息分系统、1套海外企业信息安全应用分系统、1套海外工程建设专题应用分系统、1套海外工程车辆监控管理应用分系统、1套海外企业船舶监控管理应用分系统、1套远程维护支持系统、1套海外精准农业数据服务应用分系统、1套海外石油管道数据服务应用分系统、1套海外电力实施及通道巡线数据服务应用分系统等，应用服务层可面向其他行业进行不同应用分系统的扩展；基础网络支撑层主要基于高度位置服务网、国际合作安全空间信息应急响应保障平台和空间遥感信息和保障平台等系统获取目标位置服务信息和遥感数据信息服务。

基础支撑网络层主要提供遥感数据采集、位置服务采集网络、卫星通信。其中通信网络和遥感数据采集复用已有系统，此处只需要建设新的高精度位置服务网等基础设施。传输层主要提供通信信道资源保障和管理，此处主要依托国际合

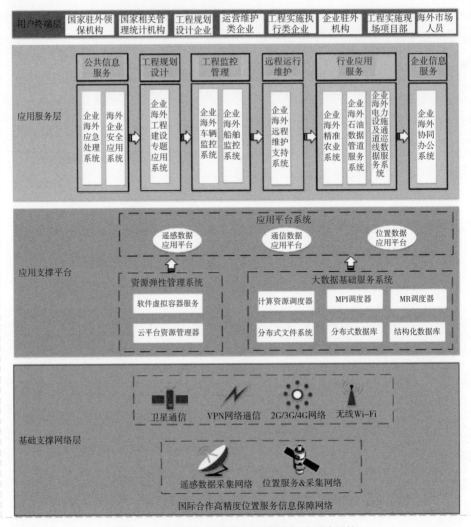

图3-1　海外企业空间信息保障服务网系统结构

作应急通信系统来完成应用平台与应用服务系统的互联互通。

　　应用支撑平台主要提供所有信息资源保障数据的管理、存储、处理、共享及交换，采用SOA架构；提供遥感数据支撑、通信运营支撑以及位置服务支撑服务。

　　应用服务系统主要为各个企业提供海外工程从咨询、规划设计到运营维护等全生命周期的信息资源保障，主要面向中国海外企业及驻外领保等政府机构提供企业信息服务、工程规划设计、工程监控管理、远程运行维护、公共信息服务、行业应用服务等多种信息保障服务。其中各类具体应用服务系统可由各企业用户自己管理，根据保障网相关技术要求进行部署。

用户终端层为各个领域的用户提供各自业务的系统终端。

3.3.2　系统功能

系统面向中国海外企业及沿带路国家提供空间信息采集、数据交换、安全通信网络、工程测量、测绘应用、国土资源管理、海洋监测、能源管理、灾害监测、交通管理、农林业监测、水利设施监测、气象预报及电信服务等，具体如下。

（1）保障数据服务平台功能

①资源调度管理功能：通过对基于容器虚拟化的基础设施一体化管理技术，实现计算资源、存储资源、网络资源的统一管理、部署与配置，从而完成计算、存储、网络等基础设施的有效整合及灵活调度等目的，可解决当前所面临的缺乏面向存储和计算密集型的虚拟化技术的资源管理手段的问题。

②软件虚拟容器服务功能：实现面向存储和计算密集型的软件服务的部署和动态迁移，通过对进程级轻量虚拟容器技术，扩展虚拟容器的功能，达到无须整个操作系统映像即可实现轻量级的虚拟化的目的，使得软件应用或服务能够屏蔽掉操作系统的差异，不必重新编译或安装，即可在各种版本的服务器上部署。

（2）应用平台服务功能

①空间基础信息服务功能：主要提供遥感影像信息及位置信息服务，为中国海外企业及沿带路国家提供工程建设及行业应用基础地理信息。

②通信数据信息服务功能：主要面向中国海外企业提供广播电视业务、网络接入业务、电信业务的综合运营管理，同时负责各业务承载系统间的数据转换与分发、通信网远程维护以及全系统状态的监视管理。

③位置信息服务功能：主要利用地理信息系统技术所特有的空间分析功能和强有力的可视化表现能力，使数据信息和空间信息融为一体，通过监控各种工作元素在空间的分布状况和实时运行状况，分析其内在的联系，合理配置和调度资源，从而提高各个部门快速响应和协同作战能力，实现辅助分析、决策和指挥调度功能。

（3）基础网络支撑功能

①高精度定位服务：提供卫星轨道、钟差、电离层延迟等误差信息服务，用户定位精度可达分米级。

②完好性服务：播发卫星导航星座完好性信息，满足生命安全用户使用要求，告警时间10秒。

③数据及产品下载服务：对观测数据、星历、钟差、电离层延迟等产品提供下载服务。

④后处理服务：提供在线后处理服务，服务精度毫米级。

⑤遥感数据获取功能：提供各类遥感数据接收、获取功能。

（4）应用服务功能

①安全通信网络功能：可覆盖无地面网络区域，为中国海外企业及沿带路国家等多种用户提供安全保密的专用通信网络，保证信息传输的实时性和安全性。

②工程测量及测绘应用功能：主要为中国海外企业及沿带路国家提供基于空间信息的各类工程规划、设计及测量解决方案及数据服务。

③协同办公服务功能：各种工作流程处理的自动化和处理过程的监控；解决多岗位、多部门的协同工作问题，实现高效协作；各种文档管理的自动化，达到按权限进行查询和使用，以及提供方便的查询手段。提供信息发布和收集的平台。支持信息的有效高速传递。提供与其他管理信息系统（MIS）的信息交流。

④国土资源管理功能：主要为中国海外企业及合作国家提供各类遥感影像和地理信息数据，为土地资源管理服务。

⑤海洋船舶监测功能：为中国海外企业及合作国家提供海洋作业平台、作业安全环境以及海洋环境的监测和数据处理、保障服务。

⑥能源管理监测功能：为中国海外企业及合作国家提供各类能源场地、线路、管道等各类重要场所信息的监测数据服务。

⑦灾害监测功能：为中国海外企业及合作国家提供地震、台风、泥石流等各类灾害信息监测、预警以及辅助应急信息发布等服务。

⑧交通管理功能：为中国海外企业及合作国家提供区域级或国家级的车辆管理、车辆导航、路网监测等多种交通管理功能。

⑨农林业监测：为中国海外企业及合作国家提供农作物及树木病虫害监测、

农作物长势监测、农作物估产服务等功能。

⑩水利设施监测：为中国海外企业及合作国家提供各类水电站、水库、水坝等多种水利设施提供信息监测服务。

⑪气象预报：为中国海外企业及合作国家提供不同层级的气象信息预报以及气候研究数据服务。

⑫电信服务：为中国海外企业及合作国家在无地面网络区域提供电话、互联网接入、视频会议、VoIP等常规电信类服务。

⑬运行维护服务：为中国海外企业提供优质完善的售后服务；为已售系统提供有力的技术支持保障；为已售系统用户方提供全面的系统故障解决方案、软件升级方案。

⑭远程培训服务：为集中或远程的培训用户、海外实施团队和各类技术人员提供一套完整的在线或离线培训操作系统，多种培训组织形式保证了综合培训服务质量。

3.3.3　系统组成

（1）基础支撑网络

遥感数据获取网络复用已有设施，需要新建高精度位置服务网以向系统提供高精度位置服务。

高精度位置服务主要由高精度位置服务系统向外部提供。

如图3-2所示，国际合作高精度位置服务系统主要由空间段和地面段相关基础设施组成。

国际合作高精度位置服务系统空间段主要由携带L频段的GEO卫星组成。空间段将充分利用已有天基资源，采用租赁方式向国际合作用户提供高精度位置服务。

地面段主要由覆盖国际合作区域的基准站网、控制与服务中心和用户终端组成。基准站网采集BDS/GPS观测数据并传输至控制与服务中心进行处理，生成差分信息并叠加位置服务信息向各类用户通过地面移动网络、移动通信卫星（INMARSAT/THURAYA）等方式进行播发为其提供高精度定位及位置服务。同时，控制与服务中心配置COSPAS-SARSAT卫星搜救地面系统，接收低/中/高轨道搜救卫星转发的下行遇险信标信号，完成信标信号的处理与定位，并将定位结果等信息送往相关的搜救协调中心（RCC）、搜救联络点（SPOC）和其他国家的任务控制中心以开展搜救任务。

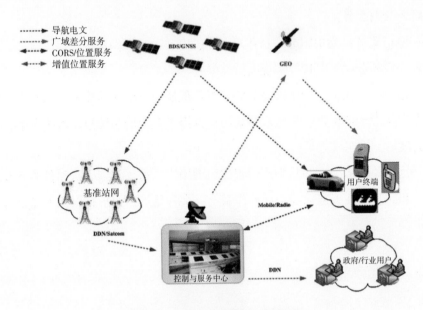

图3-2　高精度位置服务系统组成

空间段组成。空间段主要包括用于播发高精度差分信息的GEO卫星（商业卫星）组成，此部分资源将重点依托已有卫星资源开展服务系统建设。

a. Nigcomsat-1R。Nigcomsat-1R是由我国为尼日利亚研制发射的一颗通信卫星，采用了中国航天科技集团公司所属中国空间技术研究院研制的东方红四号卫星平台，星上装有28路转发器，其中4路C波段，14路Ku波段，8路Ka波段，2路L波段，卫星起飞质量为5100千克，服务寿命15年，于2011年12月20日发射升空，目前在轨状况良好。

卫星轨位位于东经42.5°，可覆盖非洲中西部及南部地区、欧洲中东部地区和中亚部分地区，主要用于通信、广播、远程教育、宽带多媒体、导航服务等，将改善国家基础设施，造福边远地区民众，提高人民生活质量。Nigcomsat-1R携带的L1/L5转发器原本为欧盟的EGNOS设计，但由于EGNOS及Galileo建设缓慢，导致目前尚未被租用。其导航频段波束覆盖轨位位置极佳，L波束可覆盖非洲、欧洲、亚太大部分地区（30°W至120°E），该波束用于设计播发北斗差分及完好性信号可以充分弥补北斗方面目前北斗区域导航系统精度不高以及未来北斗全球导航系统在欧洲、非洲的精度提升及完好性服务。

b. ALCOMSAT-1。ALCOMSAT-1于2016年底发射，卫星属于阿尔及利亚航空局，该卫星及地面应用系统由中国空间技术研究院负责研制。该卫星位于24.8°W，同时携带Ka、Ku、L频段等频率资料。该卫星的发射将为建设北斗广域增强提供良好发展机遇，满足国际合作高精度位置服务网服务范围向西扩展的要求。

c. Thuraya。Thuraya卫星通信公司总部设在阿联酋的阿布扎比，其技术领先的地区移动通信卫星系统可以为所覆盖的欧洲、非洲、中东和亚洲的100多个国家23亿人口提供卫星电话服务。该系统目前主要包括THuraya-2（44°E）和Thuraya-3（98.5°E）两颗地球同步轨道卫星，结合GSM和GPS，能够为移动用户提供包括语音、数据、传真和短信的通信服务，其携带的L波段波束可用于本项目广域差分信息的播发。

d. Inmarsat。Inmarsat通信系统的空间段由4颗工作卫星和在轨道上等待随时启用的5颗备用卫星组成。这些卫星位于距离地球赤道上空约35700千米的同步轨道上，轨道上卫星的运动与地球自转同步，即与地球表面保持相对固定位置。所有Inmarsat卫星受位于英国伦敦Inmarsat总部的卫星控制中心（NCC）控制，以保证每颗卫星的正常运行。

每颗卫星可覆盖地球表面约1/3面积，覆盖区内地球上的卫星终端的天线与所覆盖的卫星处于视距范围内。4个卫星覆盖区分别是大西洋东区、大西洋西区、太平洋区和印度洋区。使用的是Inmarsat第三代卫星，它们拥有48dBW的全向辐射功率，比第二代卫星高出8倍，同时第三代卫星有一个全球波束转发器和5个点波束转发器。由于点波束和双极化技术的引入，使得在第三代卫星上可以动态地进行功率和频带分配，从而大大提高了卫星信道资源的利用率。为了降低终端尺寸及发射电平，Inmarsat-3系统通过卫星的点波束系统进行通信。除南北纬75°以上的极地区域以外，4个卫星几乎可以覆盖全球所有的陆地区域。

（2）地面段组成

地面段基准站网（图3-3）的主要功能包括完成GNSS观测数据、气象观测数据、基站系统状态数据等的采集，并通过专用数据通信网络将观测数据的传输至控制与服务中心。基准站网用于构成高精度、连续运行的区域坐标参考框架，提供满足广域亚米级服务、区域厘米级服务、事后毫米级服务要求。

①功能。导航卫星观测数据采集功能。实时采集BDS（B1/B2/B3）、GPS（L1/L2/L5）、GLONASS（L1/L2）三系统8个频点公开信号的载噪比、码伪距、载波相位、多普勒、导航电文等数据。

测站环境气象数据采集功能。能够采集测站周围的温度、气压和相对湿度等环境气象数据。

数据整理与存储备份功能。能够对观测数据和气象数据进行整理、本地归档和存储；能够对数据进行备份存储。

自动传送数据功能。能够按约定的数据格式与数据发送机制，自动传送观测

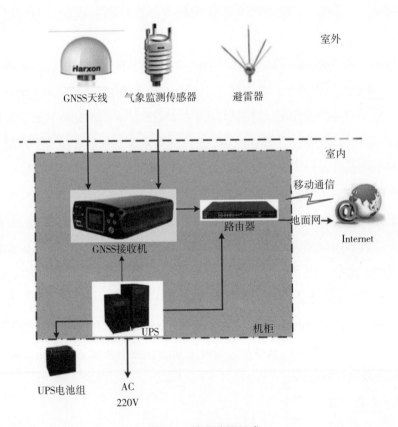

图3-3　基准站网组成

数据和运行状态数据。

自动运行监测与上报功能。能够自动采集接收机、气象仪、UPS、网络等设备的运行状态，并按一定时间间隔上报至控制与服务中心。

②组成。基准站网基准站主要由北斗/GNSS天线、接收机、气象设备及相关网络设备组成。

基准站可用资源：基准站建设在广域差分服务方面将充分利用全球已有北斗/GNSS多模参考站，并进行补充建设完成国际合作地区的覆盖；在区域服务方面将采用"哪里重点需要哪里重点覆盖"的原则开展建设。目前可用的多模参考站资源如下。

a. "北斗试验监测网"。"北斗试验监测网"（Bei Dou Experimental Tracking Stations，BETS）是由武汉大学负责组织并与国内外相关科研机构合作，筹建的覆盖亚太及周边的北斗地面监测网，是目前数量最多、分布最广的北斗地面监测网，为开展北斗系统的科学试验与研究、系统性能评等积攒了大量宝贵的第一手观测资料。

目前，BETS主要针对我国当前的北斗卫星导航系统以区域导航卫星星座组成的区域卫星导航系统为主进行建设，BETS监测网主要分布于亚太地区，其中，中国区域内9个监测站，国外6个。

b. iGMAS。iGMAS是指国际全球连续监测评估系统（internationalGNSSMonitoring&AssessmentSystem）的简称。2011年6月，在ICG-6预备会上，国际合作研究中心首次提出了iGMAS倡议，在2011年9月ICG-6大会上，iGMAS倡议得到了各国代表团及IGS、IAG、FIG等国际组织的广泛关注和支持，并被写入联合国外空司ICG-6会议联合声明文件，会议批准正式成立了国际GNSS监测与评估子工作组，由中方、IGS组织、日方担任联合主席。

iGMAS由30个左右全球均匀分布的跟踪站、3个数据中心、7个分析中心、1个监测评估中心、1个产品综合与服务中心、1个运行控制管理中心和通信网络组成。全球连续监测评估系统是监测评估北斗卫星导航系统服务性能的重要手段，对促进工程建设顺利实施、系统运行，促进国际合作与应用推广具有重要意义。

（3）应用支撑平台

应用支撑平台主要分为资源弹性管理系统、大数据基础服务系统和应用平台系统三部分。其中，资源弹性管理系统包括云平台资源弹性管理器及软件虚拟容器服务；大数据基础服务系统分为分布式文件系统、分布式数据库、结构化数据库、MPI调度器、MR调度器以及计算资源调度器6个部分；应用平台系统包括遥感数据应用平台子系统、通信数据应用平台子系统和位置服务应用平台子系统。

应用支撑平台，在基于目前主流的云计算和虚拟化技术的基础上，针对中国海外企业空间信息保障服务网中对资源的动态按需分配需求，建设了资源弹性管理系统、大数据基础服务系统和应用平台系统，弱化了应用软件与底层物理资源依赖关系，使得物理资源能够更加灵活地向优化系统性能、提高可靠性、提高易用性、提高运维效率等方面发展。

应用支撑平台重点针对中国海外企业空间信息保障服务网进行底层数据中心的建设，提供针对性的弹性计算和大数据存储服务能力，同时统一向外提供遥感、通信和位置服务。基础支撑平台部署在国内。

（4）应用服务系统

应用服务系统主要基于应用平台系统向中国海外企业用户提供通信、导航及遥感类天地一体化信息应用服务见图3-4。其中包括四大模式十类应用。四大模式为公共信息服务模式、工程规划设计模式、海外行业应用模式及海外信息服务模式，十大类应用主要包括企业海外协同办公系统、海外企业应急信息应用系统、海外企业信息安全应用系统、海外工程建设专题应用系统、远程运维支持系

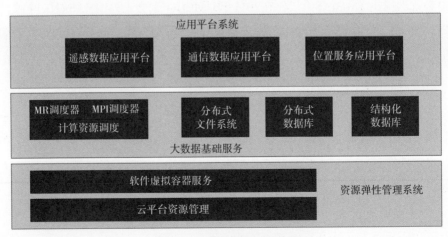

图3-4　应用支撑平台架构图

统、海外精准农业管理服务应用系统、海外工程车辆监控管理应用系统、海外企业船舶监控管理应用系统、海外石油管道数据服务应用系统、海外电力设施及通道巡线数据服务应用系统。

①海外企业应急信息应用系统。海外企业应急通信系统采用卫星通信、地面宽带专网通信、Wi-Fi等通信手段构成海外企业应急通信网。系统由卫星通信分系统、地面宽带专网通信分系统、接入网通信分系统组成。如图3-5所示。

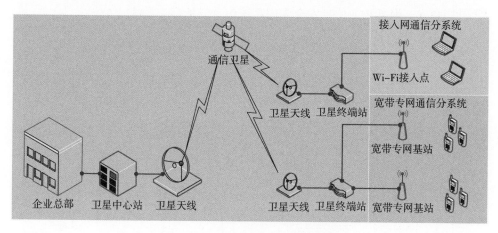

图3-5　海外企业应急通信系统

卫星通信分系统是整个海外企业应急通信系统的核心和骨干网，实现宽带专网通信分系统、接入网通信分系统与卫星通信分系统的组网。其中，卫星通信中心站部署于海外企业的企业总部或海外分部，与企业总部的地面网联通，卫星终端站部署于海外企业的下属各单位。卫星终端站可有固定站、车载站等形式。卫星终端站与下属单位的地面局域网、宽带专网分系统的基站、接入网通信分系统的接入点连接，宽带专网通信终端、接入网终端以无线或有线的方式接入系统，最终实现整个系统的组网。卫星通信分系统最大可提供下行300Mbps，上行8Mbps的通信速率，满足视频、语音、数据传输业务。

宽带专网通信分系统由宽带专网通信核心网设备、基站设备、宽带专网通信终端组成。核心网设备对外提供以太网接口与卫星通信分系统中的卫星终端站连接。核心网设备与基站设备之间通过光纤连接，基站设备提供空中接口，在专用的频率内与宽带专网通信终端组成集群系统进行通信，共享通信带宽可达到20Mbps。

接入网通信分系统由通信接入点和接入网终端组成，接入点可采用Wi-Fi接入点、无线图传接入点等设备，接入网终端包括安装了Wi-Fi无线网卡的计算机、摄像头、无线图传终端等设备，可提供移动办公、信息采集等业务。

②海外企业信息安全应用系统。海外企业信息安全应用系统由8个分系统组成，数据存储管理分系统、运行管理分系统、网络与安全分系统、中心加解密分系统、端站加解密分系统、密钥管理控制分系统、数据还原分系统、密码测试分系统见图3-6。海外企业信息安全应用系统包含异地容灾系统。

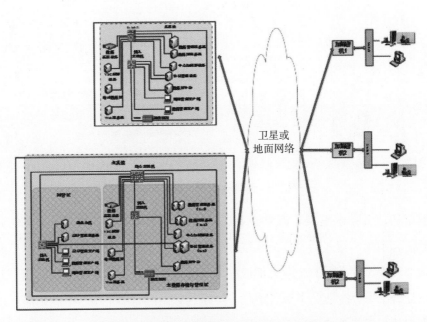

图3-6　海外企业信息安全应用系统组成图

③海外协同办公应用系统见图3-7。全球协同管理系统基于Web技术，将公司的内部资源与外部资源有效结合，使企业的各国办事处、国内各部门、各员工之间，以及内部员工与外部的客户、经销商、供应商和全球各机构的运作效率大大提升。通过此系统，企业不仅仅在网站发布一份说明书或通过浏览器运行现有的应用程序，还可以体验到Web服务器、文件、用户、产品、雇员的内部联系通过协同管理系统的高度集成。

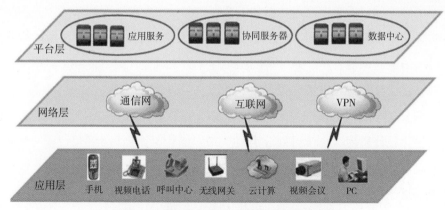

图3-7 海外协同办公应用系统层级结构图

全球协同办公需要打造一个统一平台，设立协同办公数据中心，构建三张基础网络，通过分层建设，达到平台能力及应用的可成长、可扩充，创造面向未来的办公智能运维系统框架见图3-8。

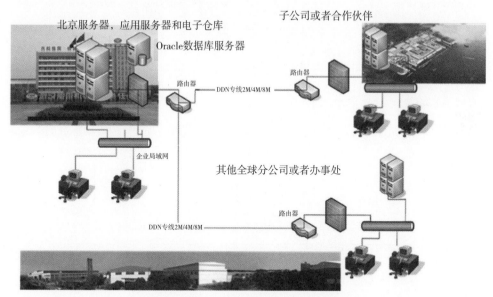

图3-8 海外协同办公应用系统实现方式

平台层提供数据库、应用服务及协同服务器，为整体架构提供技术与数据支持。

网络层属于链路层，通过通信网、Internet网及VPN专线连接平台层与应用层。

应用层为协同办公具体应用，包括手机、视频会议、呼叫中心、云计算、PC、无线网关、局域网网络等。

系统管理部分是整个系统初始化的基点，先设定企事业组织结构，并对组织结构中每个节点设置其人员角色，然后将管理员在Administrator中注册的用户同人员姓名对应起来后，整个系统的初始工作才算完成。此时可以建立流程进行公文流转，建立或完善人员档案等。

　　④海外工程建设专题应用系统。通过对专题应用系统（TAS）需求的分析，采用组件化设计思想，系统可划分为3个层次，5个分系统，分别是行业应用分系统、专题制图分系统、高级加工处理分系统、管理与显示分系统、数据产品管理分系统。见图3-9。

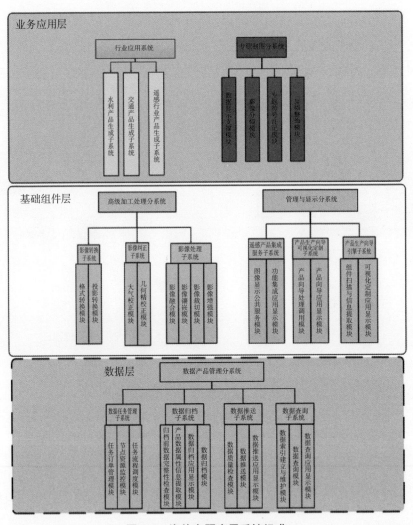

图3-9　海外专题应用系统组成

⑤海外精准农业管理服务应用系统。现代精细农业管理服务应用系统是基于安全空间信息应急保障平台，依托防灾减灾综合监控与指挥调度系统开展示范应用的，主要由感知层、传输层、平台层、应用层等架构组成见图3-10。

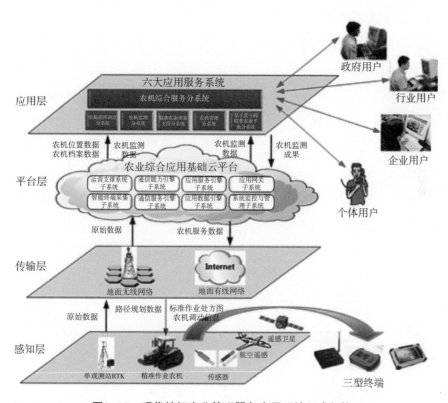

图3-10 现代精细农业管理服务应用系统组成架构

感知层。为平台层提供数据支撑，原始数据包括北斗参考站原始观测值、农机状态信息、农机位置信息、农情遥感数据、农情传感器监测数据等。

传输层。主要用于数据支撑层采集数据的收集，信息数据的交互、分发。传输层主要采用地面有线网络和地面无线网络，地面有线网络含运营商提供的FDDI光纤、以太网、DWDM、SDH等网络设施提供的有线通信链路，无线网络包括3G、4G网络。

平台层。基于云计算技术构建，提供农业遥感影像数据、传感器监测数据、农机位置数据、农机状态数据等海量异构数据预处理、海量数据管理、专业应用数据服务、用户管理等基础服务。

应用层。搭建上层应用系统，为农业生产用户提供各类农业应用服务，包括基于北斗的农机导航精准作业服务，高精度导航定位、农机生产调度、农机日常管理、农机增值服务等；农情监测服务，农作物播种面积监测、农作物长势监测、农作物病虫害监测等。

⑥海外工程车辆监控管理应用系统。根据业务需求，海外企业车辆监控管理应用系统的架构主要包括车辆监控、安全管控、车辆调度、综合服务、监管服务及综合分析六大模块，系统以车辆监控功能为核心，在此基础上提供车辆调度、安全管控和监管服务三类业务功能，综合信息服务模块为系统提供所需服务信息的数据支持，综合分析模块基于各业务模块的业务数据生成统计分析结果并进行综合展示。系统面向用户提供两类服务，一是通过车载终端设备向司乘人员提供行车服务；二是通过应用软件向管理和操作用户提供应用服务。系统架构如图3-11所示。

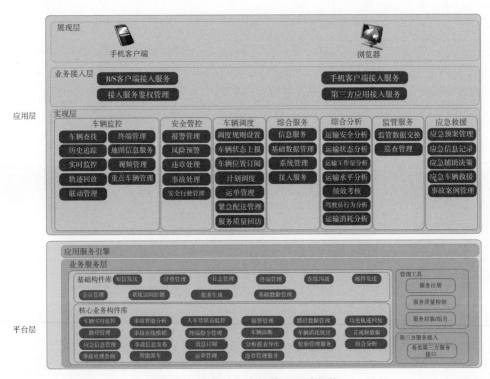

图3-11　海外企业车辆管理系统架构

⑦海外企业船舶监控管理应用系统。海外企业船联网集装箱物流全程监控系统主要由箱载监控终端、船舶定位通信系统、车载定位通信系统、堆场通信终端、监控中心通信系统和跟踪监控平台组成。组成框图如图3-12所示，其中船舶/车载定位通信系统包含船舶/车载定位通信终端、北斗通信天线和北斗定位天线。监控中心通信系统包含监控中心通信终端和北斗通信天线。

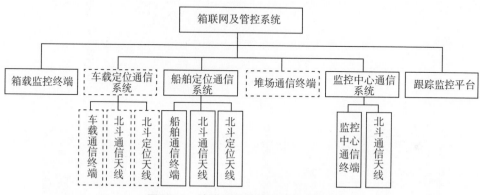

图3-12 箱联网及管控系统组成框图

⑧海外石油管道数据服务应用系统。基于无人机系统的石油管道数据服务是以无人机系统为核心，以管道日常安全巡护和应急抢修为重点，兼顾管道建设勘测，实现管道遥感数据采集、传输、处理、发布的全流程服务（图3-13）。

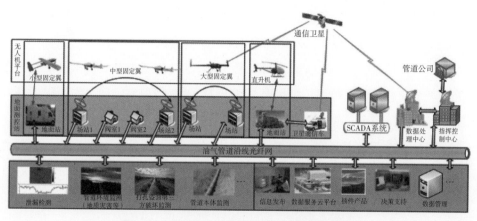

图3-13 基于无人机系统的石油管道数据服务

海外石油管道数据服务应用系统从功能角度分析，可划分为无人机平台、任务载荷、数据链和地面测控站四大部分。

　　无人机平台：是任务载荷和测控数据链机载设备的载体，为无人机空中管道监测系统提供空中对地观测的平台见图3-14。

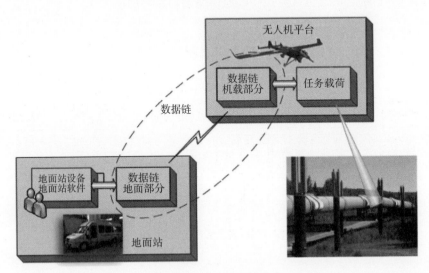

图3-14　无人机系统组成

　　任务载荷：是无人机空中管道监测系统对地观测的手段，采集任务目标的图像、视频、红外等多类型数据。

　　数据链：是无人机空中管道监测系统的空中部分和地面部分联络的信息通道，可以将任务载荷获取的信息实时回传给地面，同时将无人机下行遥测信息发送至地面站、将上行遥控信息发送至飞机和任务载荷。

　　地面站：是无人机空中管道监测系统的指挥中心，通过软硬件等设备的配合对无人机系统进行任务规划、控制无人机起降，实时监测系统的工作状态、发出系统的各种控制指令，并完成飞行过程相关数据的存储。

　　⑨海外电力设施及通道巡线数据服务应用系统。海外电力设施及通道巡线数据服务应用示范系统主要包括电力通道普查分系统和线路本体详查分系统见图3-15，包含固定翼、旋翼等多类型无人机平台和面向多元任务的可见光、红外、紫外灯多种载荷设备。具体划分如表3-1。

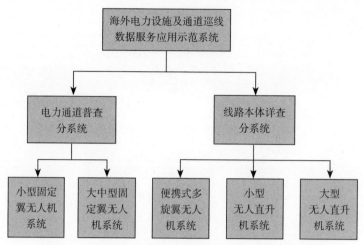

图3-15 海外电力设施及通道巡线数据服务应用系统

表3-1 无人机平台系统划分

系统类型	小型固定翼无人机系统	中型固定翼无人机系统	便携式旋翼无人机系统	小型无人直升机系统	大型无人直升机系统
应用方向	电力通道快速巡检	电力通道快速巡检 电力走廊三维重建	辅助人工巡检及应急抢修	应急抢修	山区等特殊地形巡检；常规巡护线路本体巡检
载荷	相机和摄像机	相机、摄像机和LIDAR	三选一：相机、摄像机或红外	光电吊舱	高性能光电吊舱和LIDAR
数据链	超近程/近程	近程/中远程	超近程/遥控	超近程/近程	中远程/中继
数据处理软件	影像拼接	三维点云重建 影像拼接	视频实时显示与拼接	视频实时显示与拼接 目标提取 故障检测 电力线跟踪	三维点云重建 视频实时显示 目标提取 故障检测 电力线跟踪
设备控制软件	飞行控制任务载荷控制任务规划航迹显示链路监控				

⑩远程运行维护支持系统。远程运行维护支持系统架构分为用户层、应用层、数据层、硬件与系统层、链路层、基础设施层6个层次，如图3-16所示。

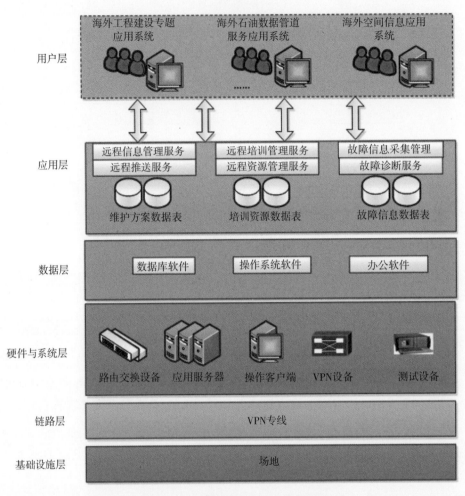

图3-16 远程运行维护支持系统架构

用户层是远端的已售系统，例如海外企业的工程建设专题应用系统、石油数据管道服务应用系统、海外企业应急处理应用系统等，这些系统是远程技术支持的对象，不包含在远程运行维护支持系统中。

应用层包含6种应用服务，包括远程信息管理服务、远程推送服务、远程培训管理服务、远程资源管理服务、故障采集服务和故障诊断服务，实现远程故障诊断、技术支持功能及对相关用户的售后培训支持。

数据层是应用层和硬件与系统层的中间层，为应用服务的开展提供基础，包括数据库软件、操作系统软件、办公软件等。

硬件与系统层是系统的基础，包括路由交换设备、防火墙、服务器设备、VPN、测试设备以及操作客户端设备，为基础软件及服务软件提供运行环境。

链路层包括互联网接入和VPN专线。

基础设施层为系统提供设备场地。链路层为系统提供数据交换的通道。该层非项目内容，是建议支撑的系统环境需求。

3.3.4 建设模式

充分依托我国现有以及可协调的国际合作国家天基资源，采用"国家出资+企业自筹"的方式，由政府牵头，与该系统建设和运营利益相关的国有企业为主注册成立合资公司作为融资主体，吸纳战略投资者及社会资金，通过混合所有制模式建立国有控股的空间信息运营服务公司。

第一，依托空间信息应用行业、应用优势企业建立可覆盖四类当前与空间信息关联比较紧密的行业的保障数据服务平台、应用平台和高精度位置服务网。该四类行业分别为石油、电信、建设工程和交通等，潜在行业代表合作对象分别为中石油、中国卫通、中国移动、中水集团、中国建筑及中国远洋等。该保障数据服务平台及应用平台独立建设部署，与各大中资企业（行业类代表）信息中心具备信息接口，复用同步建设的空间遥感信息共享和服务平台，应急通信系统作为数据获取和互联互通网络。重点围绕五大中资企业目前在中亚、西亚和东南亚主要业务区域建立以北斗为主兼容GPS/GLONASS的导航地基增强网络和天基导航增强网络基础设施。

第二，以保障数据保障平台和应用平台为基础，在四大类应用涉及的中资企业海外业务领域由空间信息运营服务公司为主体建设应急信息服务、信息安全服务、石油管道巡线、精准农业、工程规划设计专题应用和工程车辆监控管理。

第三，扩展保障数据服务平台和应用平台支撑八类行业应用为主的多种行业应用，主要包括石油、农业、水利、建设工程、交通、电力、气象、电信等行业，主要涉及增加的中资企业包括中粮集团、中国远洋相应建立精准农业系统、船舶监控管理系统，改造升级工程规划设计专题应用系统。

3.4 运行服务模式

中国海外企业空间信息保障服务网为依托中国现有各类天基资源及各类可协调国际天基资源建立的天地一体化信息系统，其应用模式主要有企业信息服务模式、工程规划设计模式、工程监控管理模式、远程运行维护支持模式、公共信息服务模式、行业应用服务模式等六大模式见图3-17。

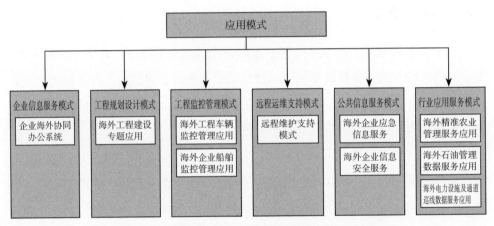

图3-17　中国海外企业空间信息保障服务网应用模式

企业信息服务模式主要包括海外企业的协同办公服务等面向各类企业的流程审批、公文流转、OA服务等各类常规企业运转信息化服务。

工程规划设计模式主要包括海外工程建设专题服务等应用模式，主要通过信息系统为各类海外工程前期的咨询、规划及设计工作提供支撑和工具。

工程监控管理模式主要包括海外工程车辆监控等多种应用模式，该模式通过信息系统向用户提供工程现场的工程车辆、船舶或者人员的监控管理，便于项目部或总部及时掌握工程现场安全情况或者进度情况。

远程运维支持模式主要包括远程维护支持应用服务，通过信息系统面向各类企业提供业务远程维护支持，降低企业运营维护成本。

公共信息服务应用服务模式主要包括海外企业应急通信服务和信息安全应用等面向各类企业的公共电信服务，通过该类应用可以满足各类海外企业对视频会议、语音、加密传输和远程培训等常规需求。

海外信息服务模式主要包括海外精准农业管理服务、海外石油管道数据服务、海外电力设施及通道巡线数据服务、铁路沿线信息服务等多种应用模式。

3.4.1　企业信息服务模式

企业海外协同办公系统面向各类走出去的企业提供企业常规信息化服务，包括流程管理、联合设计、日常办公、组织结构等典型应用模式。

（1）流程管理

根据全球协作办公系统提供的流程整理模板，通过对比新旧版本，用图形化的流程化的流程编辑工具进行编辑，同时根据系统提供的个人任务清单，接受和执行任务，也可将其转发或委派给他人，在此过程中可对流程进度进行监控，提高工作效率与计划性，保障信息完整性与实时性。

（2）日常办公

员工在全球任一办事处或分/子公司办公时，系统都可提供根据项目与专业分类的文档，同时提供的还有版本控制和检入/检出。在此基础上，可将个人日程安排同步于协同办公系统中，工作人员可在国际合作各国分支机构及国内各分/子公司登陆系统进行日程安排与事项变更。通过全球化协同办公系统，个人工作计划、名片管理、通讯名录、备忘录及申请管理等信息实现联网互通。

（3）组织结构

包含组织架构管理、人员信息管理和系统管理。组织架构管理用来实现对于项目各级机构的管理，结合公司内职务、职位体系的设置完成相关体系的建设；人员信息管理用来完成对于人员信息增改、人员入职管理、人员变动管理、人员离职等员工全面职业生命周期的管理实现全球化人力资源管理方案，做到各分/子公司、各海外办事处人事得到最优化管理，并实现统一考勤。

（4）信息交流

包含网络寻呼、电子邮件、内部论坛、调查问卷与内部博客。为协同办公应用上的员工之间交流合作的平台。员工可以在全球任一办事处及分/子公司之间在线交流，免去国际长途话费及联系方式寻找困难情况。同时可以在邮件或论坛对工作经验、生活话题等进行讨论，增强了凝聚力的同时也减少了工作的疲惫感。

3.4.2 工程规划设计模式

海外工程建设专题应用通过海外工程建设专题应用系统实现，在水利工程、能源开采等领域选取具有遥感数据业务需求的中资企业合作，预期涉及单位如中国粮油食品（集团）有限公司、中国水利水电建设集团公司、中国建筑集团有限公司和中国海洋石油集团有限公司等。

（1）水利工程

利用遥感手段提取工程区域的地形、地貌、岩性、土壤、植被信息，可以克服单纯地面勘测的不足。卫星遥感图像能提供大量宏观的线性构造信息，较好地反映区域地质特征、水系分布特征和地貌形态，所以对研究区域构造格架，确定断裂体系及活动性、评价工程及其周缘地区的构造稳定性有重大作用。它与其他勘察手段相结合，可以从整体上提高工程勘察的质量，为工程选址和规划提供第一手资料，进而选择最佳位置和线路，具有明显的技术经济效益。

（2）海洋工程气象保障

海洋气象监测行业应用可为石油平台、海上渔场建设的工程进行气象遥感服务。可以实现遥感气象产品的生产，并在此基础上提供能够用于海上风暴、强降水、能见度、海浪和海面风场、海洋环境以及渔业渔情等应用方向的遥感产品专题图。

3.4.3 工程监控管理模式

海外工程车辆监控应用主要面向各类海外建设工程业务，预期涉及企业为中国建筑集团公司。

（1）应用于小型、大型和特大型集团客户

车辆集中管理（针对规模以上企业的车辆"点多、线长、面广"的业务现状，需搭建统一的车辆管理系统，实现企业层面的宏观资源管控，逐步规范车辆管理业务，实现车辆的集约化和规范化管理）、行车安全的管理（随着生产业务的发展，企业机动车数量、驾驶员数量、车辆里程和运量不断增长，随之而来的行车安全隐患也日渐增多。有必要进一步加强行车过程安全管理，保障人员财产安全）。

（2）车辆监控系统实现对车辆运输的全要素、全过程和全方位的信息化管理

以北斗导航和通信技术为基础，建立全天候、全时段、全范围的智能位置服务体系，实现车辆运输全过程中的人、车、货、道路、环境等全部要素的信息采集、处理、传输和交互。此外，本系统还支持向物流企业、货主企业和政府监管部门等开放管理，实现要素信息在管理者之间的全面交互和共享，进一步提高海外工程车辆的运行安全和运营效率。

（3）政府的"两客一危"车辆监控

随着国家对道路交通安全管控力度的加强，全国"两客一危"车辆要求强制接入交通部平台，在企业范围内推广车辆管理系统，将实现车辆数据和政府指令的统一上传下达，在服务各级车辆管理机构的同时，也将进一步落实道路运输安全监控主体责任。政府部门监管应用功能主要有政府宏观管理（掌握特定行业车辆的整体运行状况，分析其运行的真实情况，解决城市的发展问题）、提供微观服务（通过智慧交通系统，能够在第一时间面向特定车辆提供其急需的指定服务）、满足"最后一公里"的需要（实现智慧交通，需要解决单车运输过程中的人、车、货物和其周边环境因素的信息化和数据化，需要相关车载设备作为支撑。仅仅提供监管的车载设备很难实现普及，用户需要的是能够集成服务功能的车载设备）、解决相关技术成熟度（实现智慧交通的必要技术是云计算和物联网技术，但目前相关技术在交通运输领域的应用很不成熟，需要典型的国家级示范项目为其提供经验、技术和产品）。

3.4.4　海外企业船舶监控管理应用

海外企业船舶监控管理应用由海外企业船舶监控管理应用系统提供，主要面向各类海上物流运输业务，预期涉及企业为中国远洋运输（集团）总公司以及国际合作国家的船联网企业。

本系统着眼于船联网集装箱物流监控中的物联网技术应用，重点研制集装箱电子标签及标签读写设备，研制箱载智能终端，开发集装箱物流监控平台，设计集装箱物流监控传输网络，并在此基础上，在国际合作运输有关国家建设部署集装箱物流全程在线监控示范系统，开展示范应用，通过示范应用，形成集装箱物流信息化相关标准规范。

本系统通过应用2000个集装箱电子标签及其读写设备、1000套箱载智能终端，建立港口3G/光纤+船上Wi-Fi/通信卫星的立体化信息传输网络、能容纳10万终端接入规模的船联网集装箱物流全程监控平台，为开发面向示范用户的集装箱运输监控、智能调度、应急管理等综合业务系统。

系统的集装箱智能终端与物流综合服务监控管理平台，可拓展于集装箱海/河路、铁路、公路、航空等多种运输方式的信息采集与融合，把集装箱多式联运的运输总路线、全过程、安全信息实时提供给物流链上各个单元，为大型集装箱运输企业提供信息化基础平台，面向集装箱物流全行业提供成熟的解决方案，成为跨区域、跨行业、跨部门的集装箱物流公共服务平台，为实现集装箱物流网络化和信息化目标提供有力支撑。

目前的集装箱管理基本靠人工抄写，准确性和效率不高；集装箱在海陆联运衔接和海上运输过程中存在大量监控盲点，缺少有效的货物监控手段。以冷藏箱为例，其运输的一般是对温度敏感的货物，比如药品、食品等高价物资。2012年2月，一个装载有胰岛素的40英尺冷藏箱设定温度与订舱不符，被货主索赔76.9万欧元；同年8月，一个装有鲜活海鲜的20英尺冷藏箱制冷异常，造成货损并赔偿2.25万美元。无论事故是人为造成还是源自设备故障，冷藏箱在船舱内缺乏实时的客观监控是部分货主宁肯花费10倍的公路运费，也不选择陆海联运的主要原因之一。在安装了本系统的集装箱智能终端之后，可以全程（无论陆海）跟踪冷藏箱温度，自动与订舱要求匹配，误差超过10%则在监控平台报警，第一时间下达事故处理指令，减少货物损失。

所研制的集装箱专用电子标签和箱载智能终端应用到中远集装箱运输有限公司的"内贸天天班"航线上。"内贸天天班"航线连接了纵跨我国南北的天津、唐山、锦州、营口、南沙五大港口，有12艘5100TEU的集装箱船舶和1艘4250TEU的集装箱船舶来往，相当于每天有超过5000辆装载超过20吨货物的集卡车队在中国南北方之间穿梭。在不增加运输时间的同时，海陆集装箱联运成本只有传统公路集装箱运输的1/10。在"内贸天天班"上示范应用监控系统，相当于将传统的货运集装箱升级成了门到门的"超大件快递"。货主、箱主、运输公司都能够通过此平台按权限级别实时获得集装箱的位置信息和货物信息，第一时间处理突发事件，实现集装箱物流过程透明化，吸引更多的货主选择"内贸天天班"这种既廉价又安全可靠的运输方式。据示范用户测算,每增加1%的舱位利用率(现不足80%),则额外为"内贸天天班"增加2041万元的年收入。

3.4.5　远程运维支持模式

海外企业运行维护支持应用是依托于海外远程运行维护支持系统。海外远程运行维护支持系统通过VPN连接国内技术支持中心和远端已售系统,将优选出知识库中的维护方案进行加密推送处理,管理客户信息和历史维护记录。

具体工作流程见图3-18。

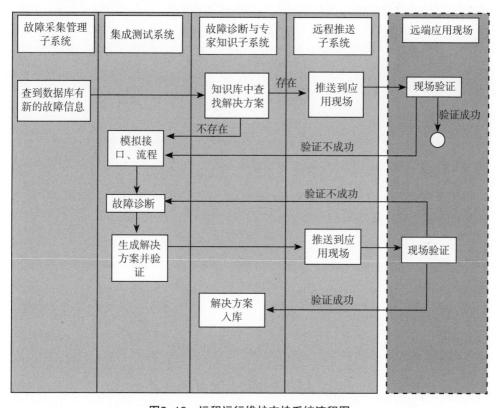

图3-18　远程运行维护支持系统流程图

根据海外企业运行维护支持应用示范可以分为两种实际生产应用场景:

(1)在一般故障信息出现时

在日常工作中,通过售后维护工程师每日固定时间登陆故障采集系统,收集各系统发送的故障信息,从知识库中找出解决方案加密推送至应用现场;

（2）在重要故障信息出现时

已出售老挝的地面广播通信系统曾经出现了一次严重的通信故障，由于情况复杂，当时的专家系统里没有找出具体的解决方案，于是甲方立即组织专家搭建测试环境进行故障的复现及测试，提出解决方案并仿真验证成功后，第一时间通过推送中心将维护方案推送至应用现场，及时的应急措施避免了用户单位的经济损失，同时经典故障特征也被送入专家知识库进行扩充，完成了知识库的自动升级。

培训指导是通过客户培训系统对相关用户、技术人员等进行统一全面的在线或离线的培训学习工作。针对国际客户的培训流程见图3-19。

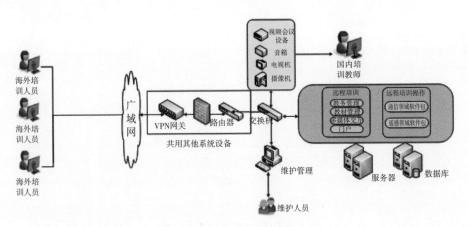

图3-19　培训指导工作流程

根据培训工作的应用示范主要分为两种应用场景：

（1）项目培训

甲方卫星应用产品在乙方企业调试安装成功后，会通过培训系统远程指导相关用户及技术人员，如果用户有需要，甲方还会派遣专业技术人员进行现场指导操作，保障用户能够安全正确的使用本产品。

（2）技术推广培训

针对甲方产品中先进的应用技术，我们会进行特别的技术推广培训，使我们的技术能够渗入到各个领域中及各个行业中去，旨在给相关需求的企业单位带来更多的技术支持与帮助。

3.4.6 公共信息服务模式

海外企业应急信息应用服务主要通过海外企业应急信息系统提供。海外企业应急信息系统优先选取具有通信业务需求的海外农业领域、远洋渔业领域及建筑行业领域的中资企业合作，如中国粮油食品（集团）有限公司、中国水利水电建设集团公司及中国建筑集团有限公司等。

海外企业应急通信系统应用场景包括日常业务传输场景、局部突发事件应急场景、重大突发事件应急场景，具体如下。

（1）日常业务传输场景

日常情况下，海外企业应急通信系统作为地面通信系统的备份手段，在地面设备突发故障时为企业提供通信保障。

（2）局部突发事件应急场景

当企业下属部分单位地面通信网络发生故障时，可利用卫星通信终端站与总部建立应急通信链路，并利用地面宽带专网设备、接入网设备建立应急通信链路。

（3）重大突发事件应急场景

当海外企业的地面通信网络全面瘫痪时，可利用海外企业应急通信系统建立通信链路，为海外企业提供应急通信保障。

海外企业信息安全应用服务主要通过海外企业信息安全应用系统提供。海外企业信息安全应用系统优先选取具有通信安全加密业务需求的海外大型中资企业合作，提供海外机构与国内总部之间的安全通信，如中石油、中国电力、中国建筑等。

海外企业信息安全应用系统应用场景包括地面网络安全传输场景、卫星网络安全传输场景，具体如下。

（1）地面网络应用场景

日常情况下，海外企业信息安全应用系统为海外机构提供与国内总部之间的安全通信。

（2）卫星网络应用场景

当企业下属部分单位地面通信网络发生故障时，可利用卫星通信终端站与信息安全应用系统与国内总部建立卫星安全通信链路。

3.4.7　行业应用服务模式

（1）*海外精准农业管理服务*

海外精准农业管理服务应用依托海外精准农业管理服务应用系统，主要面向中国具备海外规模化作业的农业生产企业，主要预期涉及单位为中粮集团。现代精细农业管理服务应用示范主要实现以下几方面的服务功能。

①农机设备引导。在农机上安装高精度用户终端，终端接收北斗地基增强系统的改正数，定位精度可达分米—厘米级见图3-20。通过合理布设作业路线并利用北斗地基增强终端进行准确引导，可大大提高作业效率及作业质量，实现夜间播种作业。当前天宝、约翰迪尔等公司利用单基站或星基改正数播发的差分GPS系统，其终端无法通用，覆盖范围有限，不利于农机的统一管理，北斗地基增强系统可以解决这一问题。

图3-20　起垄、播种、收割过程农机引导作业

②农机管理调度。农机作业时其位置信息（经度、维度）、时间和运动状态（速度、航向）可以传输到农机作业指挥中心大屏幕，并可通过互联网查询机车当前作业田块、作业方向、作业速度、作业轨迹等，实现农机作业的定位跟踪。北斗CORS系统的通信子系统可作为其数据传输的骨干网络。

与GIS和传感器结合，进行变量投入、测产管理。美国阿拉巴马州精准农业应用得出农民要获取最大的经济回报要做好两方面，一是土壤测试，二是根据作物的需求定量进行投入。当前通用的土壤测试方法是田间取样后化验，利用北斗地基增强系统标定土壤取样的地理位置见图3-21，将土壤养分量和种类与地理坐标联系在一起，以平方米为计量单位，根据农田管理单元（小的土壤面积）的作物生长环境差异性和作物生长发育需要进行肥料、农药等物料投放量和投放品种的确定，为农业提供科学的量化指标。在收割机上利用北斗地基增强系统定位终端，结合产量传感器进行谷物产量监测，根据实际产出对地块内不同地理位置（米级）的谷物产量差异性进行比较、分析，研究地块土壤环境与产出之间的机理，为下一步农田作业提供依据。

图3-21　定点土壤采样

农业信息数据的再挖掘。实现精准农业时，农产品从播种到收割的施肥等生长信息与位置信息共同采集回传信息管理中心，通过对这些数据的整合、挖掘可以获得更多的商业应用。比如实现农产品信息的可追溯，通过手机扫码等方式即可实现农产品产地、生产厂家等信息，更有甚者可以看到施肥种类等生长信息。

（2）石油管道数据服务

基于无人机系统的石油管道数据服务是以无人机系统为核心，以管道日常安全巡护和应急维抢修为重点，兼顾管道建设勘测，实现管道遥感数据采集、传输、处理、发布的全流程服务。无人机在石油行业的应用根据作业场景的不同可以划分以下内容，见表3-2。

表3-2　无人机数据采集作业场景

场景	内容
管道建设前期勘察	施工区域选址
	三维地形重建
	施工进度监测
管道与设施日常巡检	管道通道环境监测
	管道线路本体巡检
	人工日常辅助监测
维抢修应急监测	灾害应急监测
	夜间应急监测
	灾后灾情评估

（3）海外电力设施及通道巡线数据服务应用

海外电力设施及通道巡线数据服务应用示范系统主要面向电力输电线路骨干网络开展电力设施及通道巡检服务，及时发现电力设施故障和电力通道附近潜在的安全隐患，有效保障电力骨干网络稳定运行见图3-22。

系统建设重点支撑与我国有电力能源合作的巴基斯坦、菲律宾、俄罗斯等国，实现既服务一带一路周边国家能源网络建设，又能有效提升我国在海外能源建设项目的系统运营和保障能力。

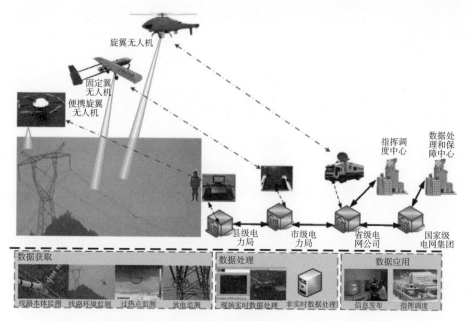

图3-22　海外电力设施及通道巡线数据服务应用示范系统总体示意

海外电力设施及通道巡线数据服务应用示范系统的应用场景包括三种情况：

①常规巡检。主要包括电力通道变化等宏观巡检和塔架等线路本体微观巡检。

②应急抢修。主要包括自然灾害和人为原因造成的电力安全事故等，需要及时派出无人机快速到达事故现场回传实时视频，为进一步抢修提供信息支撑。

③数据采集。随着电力物联网的普及，无人机平台可以作为数据搭载平台安装专业的数据接收装置，空中感知电力设施运行数据。

海外电力设施及通道巡线数据服务应用示范系统的工作流程包括准备阶段、巡线作业阶段和数据处理阶段。准备阶段重点为按照航迹规划，确定开阔、安全起降点，确定天气条件，指定系统工作计划；巡线作业阶段确保数据链畅通，载荷运行正常，为后期数据处理阶段做好准备。具体工作流程如图3-23所示。

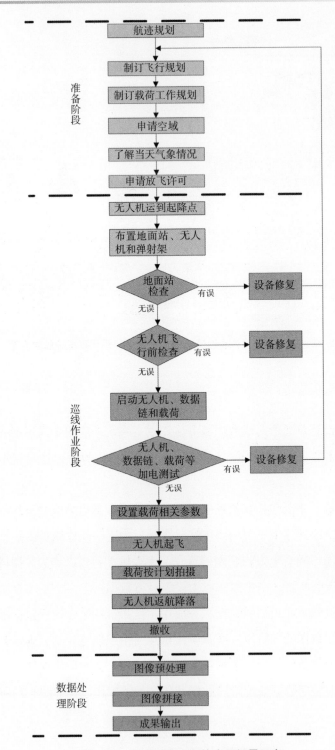

图3-23 无人机电力巡检应用场景示意

参考文献

[1] 阎大颖. 制度距离、国际经验与中国企业海外并购的成败问题研究[J]. 南开经济研究, 2011（6）.

[2] 黄速建, 刘建丽. 中国企业海外市场进入模式选择研究[J]. 中国工业经济, 2009（1）.

[3] 谭畅. "一带一路"战略下中国企业海外投资风险及对策[J]. 中国流通经济, 2015, 29（7）.

[4] 周冰, 吕昕鹏, 陈兴奥, 等. 远程协同办公系统的应用研究[J]. 电脑知识与技术, 2021, 17（18）.

[5] 姜丽. SCADA系统在原油码头及外输管线工程中的应用[J]. 化工管理, 2019（13）.

[6] 郭承旭, 强富平, 王晓程. 分析石油管道工业控制系统网络通信安全方案[J]. 数字通信世界, 2021（5）.

[7] 陈桂芬, 李静, 陈航, 等. 大数据时代人工智能技术在农业领域的研究进展[J]. 吉林农业大学学报, 2018, 40（4）.

[8] 吴颖嘉. 基于海事监控平台的船舶识别系统研究[M]. 浙江工商大学, 2019.

4 空间信息应急响应保障国际合作平台研究

4.1 研究目标

围绕自然灾害、安全生产、卫生安全、公共安全四类应急需求，建设卫星通信、导航、遥感、搜救等多种手段融合应用的空间信息应急响应保障国际合作平台，提高政府相关部门的决策能力和管理能力，提高政府决策的科学性、前瞻性，进而为国际合作国家提供应急信息服务保障。在满足国际合作国家应急响应保障和我国企业"走出去"应急响应保障需求的同时，促进国际合作国家智慧产业体系化、融合化发展，带动我国空间技术产业的国际化发展。

基于已有和民用空间基础设施规划的通信、遥感、导航、搜救等天基资源，通过补充建设部分天地资源，形成覆盖中俄、中巴、中南半岛、中西亚经济走廊及印度洋通道的空间信息应急响应保障国际合作平台。建立工程运营服务机制和模式，统筹资源，形成服务于空间信息应急响应保障的国际合作平台，在"互联网+"新模式下，为国际合作国家提供应急监测、空间信息共享交换、应急服务共享、应急保障咨询、应急响应机制和平台，快速反应的应急通信平台通道。同时带动我国卫星应用、智慧城市、大数据、物联网、云GIS服务等高新技术产业向国际市场推广。

4.2 技术可行性分析

4.2.1 大并发处理与系统可靠运行

平台为其上所支持的各业务系统提供基础的数据服务与应用服务，保障平台能够持续、稳定地提供大规模并发地终端接入、数据存取、基础服务调用的能力，是本项目工程实施的难点之一。为此，平台采用云计算架构的设计理念，基于云计算技术的集群化特点，满足支撑平台大并发处理与持续可靠运行的要求。

对于多样化的大数据存储与访问，将采用关系数据库集群、分布式数据库集群、实时数据库集群的数据管理手段，与之类似，为业务系统提供流程服务和数据服务的服务引擎，以及用于外部系统、外部数据接入的应用网关等，同样采用集群化的系统架构，其逻辑架构如图4-1所示。

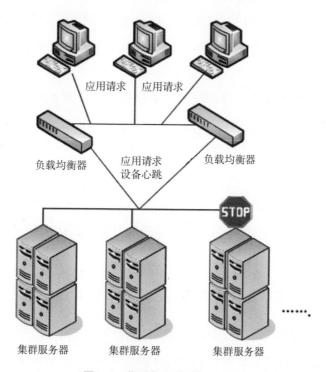

图4-1 集群化系统架构

如图4-1所示，平台由多组集群服务器构成，业务系统的应用请求，通过主/备负载均衡设备，分发到服务器集群的服务节点，每个节点可独立地对外提供服务，从而提升集群对应用请求的并发处理能力。负载均衡设备通过心跳信息，实时监控集群内服务器的运行状态，当某个服务器出行故障时，负载均衡设备不再向故障设备分发应用请求，从而保持集群对外服务的持续性。

4.2.2　数据传输的安全保密

平台从3个方面建立安全体系，对数据的安全提供保护措施。

（1）数据传输

对需要传输的数据，采用传输数据加密和服务端、客户端使用授权/认证的方式，保证数据在传输过程中不被劫取。数据加密是采用BES算法，对传输数据在源端数据进行加密处理，到目的端后将数据进行解密，保证数据的私密和完整性。服务端和客户端使用授权/认证，是通过对两端的IP地址和端口注册指定，进行统一监管，按照不同级别授权，只有通过认证的客户端，才能获得数据信息、以及日志等安全手段，从多角度保证数据在传输过程中的安全性。

（2）服务器审计

平台采用数据传输审计功能，在数据传输的过程中，对数据传输的数据流量、速度、记录数等数据进行审计。对数据在传输过程中发生异常等安全问题进行实时审计，确保系统能够正常获取相应的数据。

（3）用户权限

平台采用对用户的身份、角色等权限的制订，检查该用户的合法性，只有具备权限的用户才可以访问相应的服务；如果不具备权限，将拒绝用户读写服务的请求。

4.2.3　基于动态计算资源调度的应急空间信息高效能处理技术

基于虚拟化的软硬件资源自适应弹性调度策略是基于动态计算资源调度的应急空间信息数据高效能处理技术的重要研究内容之一，能够在进程级轻量化的虚拟容器基础上，实现面向软硬件资源运行时状态的虚拟集群动态部署、扩展与管理，提供高分数据流程化、标准化、并行快速处理技术框架。

不同计算模型使用不同资源、每种计算模型使用一个计算集群导致资源分散、整个数据中心资源利用率不高的问题。与此同时，不同计算模型的服务接口及调度流程存在差异性，现有的单集群内任务的资源调度方法，无法满足多租户服务模式、资源独立使用的要求，多种并行计算模型无法以标准化、流程化的方式进行统一调度并对外服务。此外，这种面向物理资源的单集群内调度方法，无法实现基于运行时软硬件资源使用状况的集群自适应调整与资源再分配，难以实现动态的资源调度及业务系统资源配备的按需调整，无法有效、充分利用集群内的软件、硬件资源。

本系统使用MPI计算框架和Map-Reduce计算框架，提供高性能并行计算和批处理型并行计算服务，实现对应急空间信息数据的并行快速处理。采用集群、计算框架、作业三级调度机制，对计算资源和任务进行调度，通过集群级调度，建立集群与行业用户系统间的服务关系，满足多租户服务模式、资源独立使用的要求，基于三级调度机制，遵循框架级作业服务接口，满足MPI和Map-Reduce计算框架的接口标准的处理插件均可被纳入集群框架，从而规范作业的调度流程和标准。此外，集群级调度过程中，可实时收集作业、框架、集群、虚拟容器、物理资源的运行状态，基于运行时集群的软硬件资源使用状况，动态调整和分配集群拥有的资源，实现动态的资源调度及业务系统资源配备的按需调整，有效、充分地利用集群内的软件、硬件资源。

4.2.4　基于面向服务架构（SOA）的数据服务技术

基于SOA架构的空间信息应急响应服务需要对外提供各种各样的GIS数据服务和业务处理功能服务，对外除了提供标准的OGC服务和REST服务之外，还将提供的元数据查询、目录结构的维护、用户的鉴权、服务启停的控制等功能都以Web Service调用的形式对外开放。

基于OGC标准GIS服务技术和Web Service技术实现空间信息服务的封装、分发、聚合、编排、门户展示等应用，实现不同粒度的空间数据、空间信息服务功能的封装与组合应用，是灵活实现统一GIS应用服务的技术关键。

（1）全功能GIS服务

在细粒度组件式GIS基础上，封装粒度适中的全功能的GIS服务群，构成GIS

服务器，向客户端发布这些服务。这里强调全功能的GIS服务，包括数据管理、二维可视化、三维可视化、地图在线编辑、制图排版和各类空间分析和处理等。

（2）支持标准的OGC地图服务协议

服务器支持发布基于通用规范的服务，如W*S、KML等，以便被第三方软件作为客户端集成调用。

（3）客户端GIS服务聚合

客户端GIS软件具备服务聚合能力，可聚合同一厂家服务器软件和第三方服务器软件发布的GIS服务，并与本地数据和本地功能集成应用。

（4）服务器端GIS服务聚合

服务器端软件具备强大的服务聚合能力，可以聚合来自其他服务器上发布的GIS服务，并可以将聚合后的结果再次发布，再次发布的服务还可以继续被其他的服务器软件聚合。

4.2.5　多样化的数据感知途径及全面的传输方式

平台支持多种方式感知数据变化，如触发器、MD5、SQL、存储过程等，可根据用户实际业务场景选择合适的方式。例如，大部分情况下，可以使用触发器感知数据变化，触发器可以进行数据库的增、删、改等操作。如果遇到通过工具导入数据库使得触发器无法感知的情况下，可以使用MD5方式感知数据变化。

数据传输模式，我们支持全量数据传输、增量数据传输、CDC数据传输等多元化的数据传输方式。

平台同时也完美支持数据的双向同步，支持同一个表可以在源数据库和目的数据库之间进行数据同步，通过使用不同用户以及操作过滤等机制，保障源端与目的端的双向数据同步不会陷入更新死循环。

4.2.6　多源空间数据交换技术

平台将采用结合以下几种共享交换技术。

（1）基于元数据与目录的共享交换技术

在元数据与目录的共享交换技术框架下，交换中心与各数据交换节点（分中心）均独立维护自身的空间信息，在此基础上形成对应的元数据和目录体系。为实现分布式环境下的空间信息交换共享，在数据交换中心和各交换节点上为目录与元数据管理扩展"异地同步"模块，以实现网络环境下各数据交换节点以及节点与数据中心之间的元数据复制与同步更新。

网络用户可以通过交换网络中的任何节点（包括数据交换中心）访问系统的全部可共享的元数据与目录信息，并可根据目录数据提供的导航信息实现对空间信息服务的访问。

（2）基于空间数据整合共享交换技术

基于空间数据整合的数据交换共享在统一的技术框架（统一的时空参照和统一的信息编码与目录体系结构）下，构建支持空间信息（包括元数据、目录信息、基础/专题地理信息）抽取—转换—加载的空间信息提取、转换和装载（ETL）引擎，在分布式网络环境下实现平行节点间的数据交换和上下级节点间的数据汇交。

在这种模式下，需要共享的空间信息均被提交到数据交换中心，由专业的数据维护人员按照统一的技术规范进行整合和发布，有效地保证基础空间信息的完备、权威、准确和实时，减少基础空间信息资源的重复建设和低质量维护工作。由于对数据进行集中管理和维护，数据资源将在交换整合的业务过程中逐步扩大规模、提高质量和实现融合；在此基础上可构建规模庞大和内容丰富的地理信息应用，支持公众对地理信息的需求。

（3）面向服务共享交换技术

随着SOA架构体系的出现和不断成熟，面向服务的数据交换共享框架初现端倪。在面向服务的数据交换共享框架中，所有的GIS数据功能均被"服务化"，即被封装成符合Web Service规范的功能；空间信息共享节点的控制管理中枢是工作流服务模块，它的核心任务是将Web客户端的请求分解为"元素级"的空间信息服务（如基础地理信息服务、WMS、WFS、路径服务、位置服务、元数据服务等），将其组合成一个或多个工作流程并进行驱动；当某交换节点不能提供用户所需的服务时，该节点可以通过对交换网络中的所有目录服务进行分布式匹配查询，待符合条件的GIS服务返回执行结果后再进行进一步的业务处理。

云GIS公共服务平台的数据交换综合考虑以上技术，使用元数据目录技术提供数据的格式和结构，使用面向服务的共享交换技术提供灵活性与可扩展性，使用数据整合技术实现高质量的数据融合，提供更丰富的空间信息。

4.2.7　第三方服务接口零代码注册

当用户需要将第三方服务接口（可能是自己开发的也可能是其他软件公司开发）注册到平台的时候，可以直接通过配置的方式将服务接口注册到平台运维管理系统中进行运维管理，同时平台对该服务进行监控。服务接口零代码挂接支持GBK、UTF-8等系统编码方式，同时也支持xml、图片等多种数据返回形式。

4.3　总体设计

空间信息应急响应保障国际合作平台依托我国及国际合作国家已有空间信息基础设施，综合应用多层次的通信、遥感、导航、搜救卫星及地面数据获取平台，围绕空间信息应急响应需求，为防灾减灾、公共安全、卫生安全与安全生产等应急事件提供不可或缺、科学准确、反应迅速的数据和支持，并与中国海外企业空间信息保障服务、反恐维稳应急指挥、防灾减灾综合监控与指挥调度等系统互联互通；建立应急响应服务系统，实现对我国及国际合作国家应急响应空间信息数据的高速共享和协同；构建基于空间信息数据的国家、地方、现场联动的安全应急响应体系，有效支持各类安全应急响应业务工作，并利用天、空、地应急通信，最终形成覆盖中俄、中巴、中南半岛、中西亚经济走廊及印度洋通道的空间信息应急响应保障国际合作平台。

4.3.1　系统架构

空间信息应急响应保障国际合作平台系统结构分为支撑层、数据层、平台层、服务层，主要包括1套基础支撑平台、1套数据保障平台、1套应用平台系统及1套应用服务平台，如图4-2所示。

其中，基础支撑平台主要包括应急通信保障平台、全球搜救卫星组织［C/S（COSPAS-SARSAT，简称C/S）］地面站网、卫星AIS地面站、虚拟化云平台；数据保障平台主要包括数据资源管理系统；应用服务平台主要包括云GIS公共服务平台与综合监测平台；应用服务系统主要包括应急响应系统与应急指挥决策示

图4-2 空间信息应急响应保障平台系统结构

范系统。

（1）内部接口

应急应用系统向应急响应系统（如应急指挥调度示范系统）提出应急监测需求，应急监测系统经过监测规划调度应急监测系统，应急监测系统执行应急监测任务，将应急监测结果共享分发到云GIS公共服务平台，通过数据服务平台存储、管理，应急从云GIS公共服务平台获取监测结果。C/S将获取的呼救信息推送给应急响应平台任务控制中心。平台内部接口如图4-3所示。

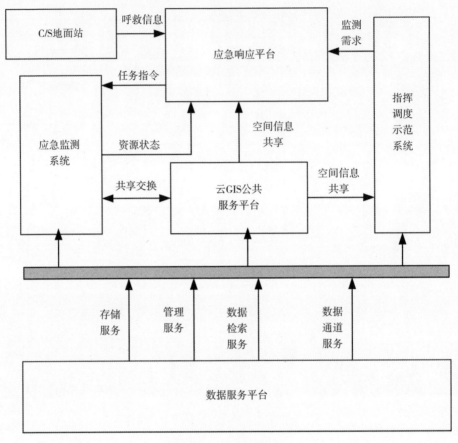

图4-3　平台内部接口

（2）外部接口

空间信息应急响应保障国际合作平台与"中国—东盟卫星信息海上应用中心""澜沧江—湄公河流域空间信息交流中心"、其他国际合作平台之间进行数据共享交换。

平台向应急应用系统提供应急服务，接收应急需求并反馈、提供应急预警和空间信息服务共享。平台向数据接收站安排调度数据接收任务，从接收站获取遥感原始数据；向卫星测控站下发测控任务；从C/S搜救卫星获取呼救信息，向搜救组织协调搜救任务。平台外部接口如图4-4所示。

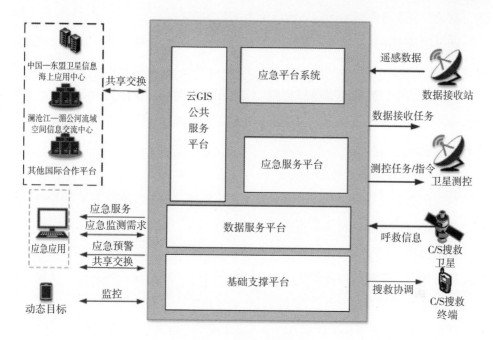

图4-4 平台外部接口

4.3.2 系统功能

（1）基础支撑平台功能

应急通信保障功能，通过中心站、固定站、便携站、车载站等多种形式的通信装备，利用卫星通信、专网通信、移动通信、Wi-Fi局域网等构成天地一体化通信网络，为平台提供空间信息数据传输保障通道，并可实现各级指挥中心与应急事件现场之间业务的互联互通。

基于"中国—东盟海上合作框架"下建设的MEOLUT站，拟在中国西部、印尼、沙特、波兰部署4座中轨道搜救地面站，实现热点地区C/S地面站组网，提升我国在热点区域和突发事件响应能力，有效地解决搜救时效性不足与位置服务能力不足的现状。

通过建设卫星AIS地面站接收DCSS小卫星星座接收船舶发送的AIS报文信息，可实时监测海上船舶状态，主要实现了应急搜救和海上航道安全保障的功能，有效地解决合作国家的应急响应能力不足的现状。

通过搭建虚拟化云平台，整合服务器，可提高系统运行效率；具备主动风险规避功能，实现应用负载均衡，通过设置高可用性集群，提高系统和应用程序的可用性；使用虚拟机的动态迁移功能，实现零宕机时间以及业务的连续性；支持快速转移和复制虚拟服务器，实现业务系统灾备、确保业务系统的快速恢复及数据的可靠恢复。

（2）数据服务平台功能

数据服务平台支持多种存储方式，以适应遥感、导航、搜救卫星等多平台多类型数据的存储需求以及满足不同效率的访问需求。主要包括分布式文件系统和分布式数据库，用于存储大数据集和非结构化数据库；结构化数据库集群用于存储结构化数据；实时数据库用于存储访问效率要求高的数据；小文件存储集群用户地图瓦片数据的存储。

（3）应用服务平台功能

云GIS公共服务平台基于高性能GIS内核与云计算技术，向平台各系统提供二三维一体化的服务发布、管理与聚合功能。通过提供多种移动端、Web端、PC端等开发软件包，构建基于应急服务的应急应用系统。云GIS分发服务为GIS云和端的中介，通过全功能服务代理与全策略缓存加速技术，提升云GIS的应急应用终端访问体验，提供全类型瓦片本地发布与多节点更新推送能力。

应急综合监测功能，具备突发事件应急监测能力，不但协调我国军民商各系列卫星观测、无人机全程跟踪监测、搜救卫星定位等，还可利用国际数据交换系统进行应急数据共享协调，分别对不同类型监测数据进行处理分析，进而全面保障突发事件过程中监测数据高可用性及多种数据类型。

（4）应用服务系统功能

突发事件快速响应功能，应急任务需求传达至平台后，可进行任务需求优先级分析，资源分配调度，编排各类不同应用服务的流程，经应用平台系统反馈信息提取安全预警信息并发布预警。

应急指挥调度功能，支持各种突发事件信息的全流程管理与信息沟通，并支持指挥调度指令发布，信息上报发布，还可启动应急预案，保证迅速、有序、有效地开展应急与救援行动、降低事故损失。

（5）平台运行监控管理功能

运行监控管理平台实现对空间信息应急响应保障平台的软、硬件系统的监控管理、通信平台的监控管理。为平台提供统一的身份认证。

4.3.3　系统组成

（1）基础支撑平台

支撑层构建空间信息应急响应保障平台的基础设施、网络运行和通信环境，主要包含存储、计算、网络硬件、虚拟化、通信系统和MEOLUT站、C/S卫星搜救终端、卫星AIS地面站等。基础设施层以我国及国际合作国家已有的对地观测系统、通信、导航、C/S等卫星系列与航空获取系统和地面观测站网，并根据应急响应需求不断进行补充和完成，为应急响应提供连续监测、预测预警、实时预报、搜救救援的全过程快速提供高可靠、高精度的空间信息数据；由虚拟化技术实现虚拟存储、计算、网络资源管理，提供统一的虚拟化资源服务；依靠卫星、移动通信、地面动中通/静中通、地面专网、无线图传及Wi-Fi提供应急响应空间信息数据传输保障网，全方位服务于平台与业务系统间信息互联互通。

①应急通信保障平台。应急通信保障平台为空间信息应急响应服务国际合作提供业务数据信息的传输通道，将空间上分布在不同地点的各业务分系统连接在一起并组成网络，实现业务分系统之间的数据交换。应急通信保障平台由通信网络、通信装备、运行管控分系统组成。通信网络包括地面光纤通信网、卫星通信网、宽带移动通信专网等多种通信手段，为整个空间信息应急响应保障平台提供传输通道。通信装备指通信网络的传输设备，是用户直接面对的硬件实物，根据通信手段的不同可区分为光纤通信设备、卫星通信设备、宽带移动通信专网设备等。根据空间信息应急响应保障平台的部署情况，可分为中心站、固定站、便携站、车载站、船载站等多种形式。

a. 通信网络。空间信息应急响应保障平台的通信网络由地面光纤通信网、卫星通信网、宽带移动通信专网、无线局域网组成。为了实现系统中各业务分系统之间的大容量数据传输，应急通信保障平台采用地面光纤通信网为主要通信网络，卫星通信网、宽带移动通信专网、无线局域网等作为地面光纤通信网的补充和延伸，在地面光纤通信网无法到达的地区为用户提供宽带通信服务及移动通信服务。在地面光纤通信网瘫痪时，卫星通信网可作为地面光纤通信网的备份手段，提供骨干通信传输服务。应急通信保障平台的网络拓扑结构如图4-5所示。

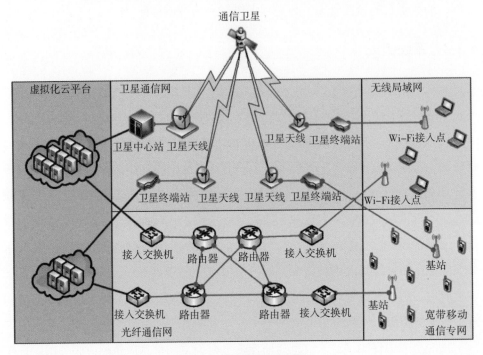

图4-5　通信网络示意图

i. 光纤通信网。光纤通信网是应急通信保障平台的骨干传输网。各业务分系统之间通过地面光纤通信网连接，最高通信带宽可达10Gbps。光纤通信网进一步划分为连接不属于不同地点的数据中心的异地通信专线网和各数据中心的内部局域网。为保证各数据中心之间的宽带信息传输，异地通信专线网的带宽至少为500Mbps。数据中心的内部局域网主要用于实现虚拟云平台中计算机集群之间的高速数据交换，为了不影响虚拟化云平台的处理速度，数据中心的内部局域网应采用万兆以太网交换机进行交换，交换模块选用全光交换模块，实现最高达10Gbps的信息交换速度。

ii. 卫星通信。卫星通信具有通信距离远，通信路数多、容量大，通信质量好、可靠性高，运用灵活、适应性强的特点。能够在任何时间、任何地点、任何环境下建立通信服务，可提供有效、优质、可靠的骨干通信网络连接。

应急通信保障平台采用规划建设的空间通信信息系统中的宽带中继联合卫星以及已发射升空的中星11号、中星12号、亚太7号卫星的信道资源，地面系统采用我国自主研发的支持DVB系列国际标准的宽带VSAT卫星通信系统——Anovo卫星通信系统产品建设。该系统为双向宽带VSAT卫星通信系统，采用TDM/MF-TDMA体制，星状、网状混合组网拓扑结构，支持多种带宽按需分配策略，系统出境速率可达155Mbps，入境速率可达8Msps×N（N为载波数），系统设计兼顾网络速率和效率，系统核心节点主站具有全网管控能力，终端节点天线口径小，通信便捷，可满足基于同步轨道卫星的宽带通信需求。

Anovo卫星通信系统架构支持开放标准，可提供标准数据接口进行业务扩展与各型通信网络接入。可应用于数据通信、VoIP语音、视频会议、互联网接入、应急通信、数据采集等模式。

Anovo卫星通信系统主要功能指标：

- 通信频段：C、Ku、Ka
- 通信体制：
  - 出境：TDM、SCPC
  - 入境：MF-TDMA、SCPC
- 通信协议：系统符合DVB系列协议，出境支持DVB-S/S2协议，入境支持DVB-RCS/RCS2协议
- 组网方式：支持星状、网状混合组网
- 系统容量：支持10000个站点组网
- 具有系统防火墙，可对网络的接入进行控制，包括入侵检测、用户认证、网络安全防护等
- 支持CRA、VBDC、RBDC等动态资源分配策略，带宽分配范围支持2.4kbps至8Mbps连续分配
- 支持优先级服务策略，适用于不同业务的优先级传输需求
- 网管系统可支持10000个以上的端站
- 适于用固定站、便携站、车载站的应用，支持视频、语音、数据等业务的双向传输

　　iii. 宽带移动通信专网。宽带移动通信专网主要为应急人员与设备提供宽带

移动接入，与卫星通信网络、地面光纤网络结合解决用户及终端的"最后一公里"接入问题。宽带移动通信专网采用最先进的4GTD-LTE技术，组成宽带多媒体数字集群系统，该系统使用专用的1.4GHz或1.8GHz通信频段，实现专用通信网，可实现多媒体调度、多任务并发、高清视频传输、实时数据处理等综合业务，随时随地处理各类应急事件，提升日常工作效率。

　　iv. Wi-Fi无线局域网。Wi-Fi局域网为有限区域内提供灵活、机动、快速的无线办公环境，使各类型终端、电脑迅速接入网络，实现业务数据的传输。

　　b. 通信装备。通信装备包括地面光纤网通信设备、卫星通信设备、宽带移动通信专网设备及Wi-Fi无线局域网设备。其中地面光纤网通信设备主要包括核心层交换机及接入层交换机，卫星通信设备包括卫星通信主站、固定站、便携站、动中通、静中通等装备，宽带移动通信专网设备包括核心网设备、基站设备及终端设备，Wi-Fi无线局域网设备主要为Wi-Fi路由器及无线AP设备。

　　i. 光纤网通信设备。地面光纤网通信设备主要核心层交换机及接入层交换机。

　　核心层交换机的主要性能指标如下：

- 整机交换容量≥3.84Tbps
- 第三层转发性能≥1920Mpps
- 业务槽位数量≥6个
- 主控槽位数量≥2个
- 支持OSPF、BEP协议
- 电源冗余、主控引擎冗余
- 支持专用硬件多业务插卡
- 支持硬件BFD和OAM，保证设备高可靠性
- 配置网络流量分析插卡和集群业务子卡
- 万兆以太网端口（多模光口）≥12，千兆以太网端口（电口）≥96
- 配置万兆XFP多模光模块14个

　　接入层交换机的主要性能指标如下：

- 整机交换容量≥256Gbps
- 第三层转发性能≥78Mpps

- 扩展槽位≥2
- 支持IPv4/IPv6协议，支持SNMPv2c/v3
- 万兆光口≥2，千兆光口≥24，千兆COMBO接口≥4
- 配置2个万兆XFP多模光模块
- 配置24个千兆SFP多模光模块

ii. 卫星通信主站。卫星通信主站是整个通信系统的核心，对整个系统的稳定运行起到中枢神经的作用，是系统的数据交换和控制中心，负责系统前向TDM方式数据发送、回传MF-TDMA方式数据的突发解调和接收，以及反向链路信道资源分配、全网时间和频率同步、网络管理等功能。

主站的硬件设备包括天线、馈源和伺服跟踪分系统、射频设备（HPA和LNA）、下行链路频率变换器、基带设备、网管服务器、业务服务器以及交换设备等，如图4-6所示。

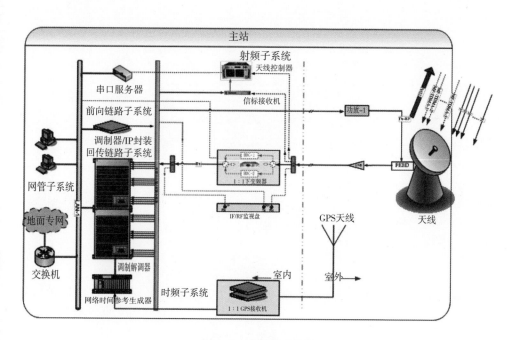

图4-6　主站组成结构

卫星通信主站性能指标如下：

- 回传/上行信道（终端站至主站）
    - 体制：MF-TDMA
- 前向/下行信道（主站至终端站）
    - 体制：TDM
- 网络管理规模：单个节点最大支持4000个，可扩展
- 支持与PSTN公网互通
- 支持语音、视频、数据传输业务
- 支持北斗导航监控功能

iii. 固定站。固定站由室外单元和室内单元组成，包括Ku波段天线、功放和低噪声模块；室内单元为卫星通信系统终端站，可以提供双向的卫星通信功能。如图4-7所示。

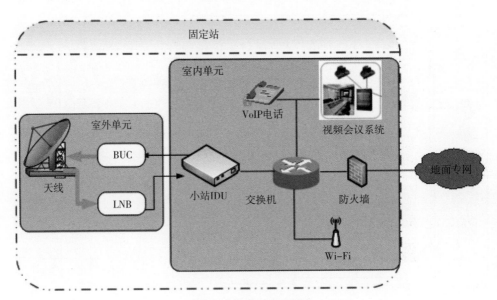

图4-7　固定站组成结构

根据业务需求，固定站的配置也不同，主要差异在卫星天线、功放模块的配置上。如表4-1所示。

表4-1 各固定站配置差异表

项目	宽带业务中心站	宽带业务站	窄带数据站
天线口径	3.7米Ku频段天线	1.8米Ku频段天线	1.2米Ku频段天线
功放	40W	25W	8W
传输速率	下行：155Mbps 上行：8Mbps	下行：155Mbps 上行：4Mbps	下行：10Mbps 上行：1Mbps

固定站主要技术指标如下：

- 前向信息速率：最高155Mbps
- 返向信息速率：单路最高8Mbps，可扩展
- 用户接口：标准IP接口
- 支持高清视频会议、文件传输、语音传输等业务类型

iv. 便携站。便携站主要作为固定站与车载移动站的补充形式，现场行动人员可在短时间内完成装备展开，建立链路，与后方指挥中心业务互通，完成现场情况汇报以及后方领导指令下达接收。

便携站具有全自动一体化、小型化、智能化、简单化特点，设备从展开、跟踪、对星、调整、收藏均可全自动完成；天伺馈及射频信道的所有设备在一个箱体中高度集成。便携站主要包括便携式天线、便携箱、小站IDU及语音、电报等各类业务终端。便携站组成如图4-8所示。

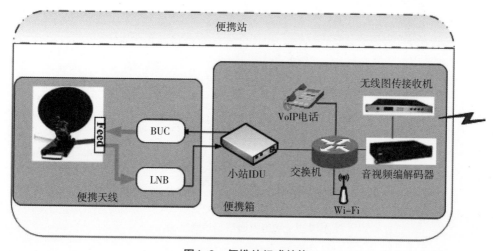

图4-8 便携站组成结构

便携站主要技术指标：

- 室外天线口径和形式：1.2米修正型双偏置格里高利天线

- 返向发射功率：16W

- 室外展开时间小于5分钟，收藏时间小于3分钟

- 前向信息速率：最高70Mbps

- 返向信息速率：单路最高2Mbps

- 用户接口：标准IP接口

- 支持高清视频会议、文件传输、语音传输等业务类型

- 支持无线图传与Wi-Fi接入

　　v. 动中通。动中通包含车辆平台、车载卫星通信分系统、现场指挥业务分系统、业务系统、无线图传等网络接入设备，能够机动快速地开展现场指挥行动，在做好自身指挥与业务处理职能的同时为应急行动人员提供网络接入与数据推送，为后方指挥中心提供前方回传信息。动中通组成示意如图4-9所示。

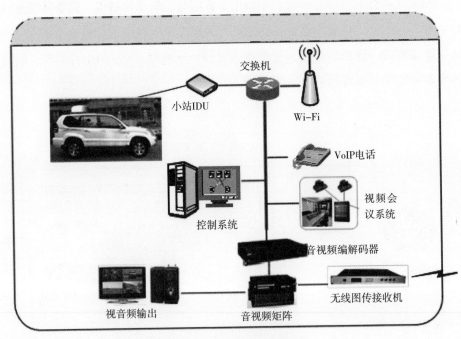

图4-9　动中通通信车组成结构

动中通通信车主要技术指标:

- 动中通天线:波束扫描低轮廓天线
- 返向发射功率:40W
- 前向信息速率:最高70Mbps
- 返向信息速率:单路最高2Mbps
- 用户接口:标准IP接口
- 支持高清视频会议、文件传输、语音传输等业务类型
- 支持无线图传、移动通信与Wi-Fi接入

vi. 静中通。静中通包含车辆平台、车载卫星通信分系统、现场指挥业务分系统、业务系统、无线图传等网络接入设备。如图4-10所示。

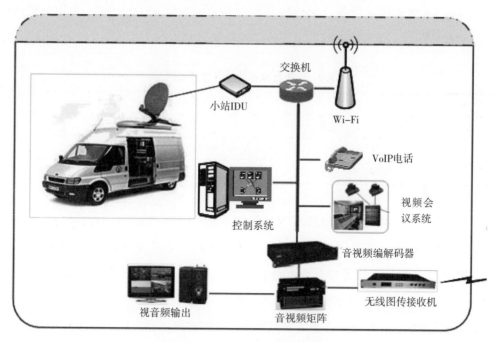

图4-10 静中通通信车组成结构图

静中通通信车主要技术指标:

- 静中通天线口径:1.2米
- 返向发射功率:25W
- 前向信息速率:最高70Mbps

- 返向信息速率：单路最高2Mbps
- 用户接口：标准IP接口
- 支持高清视频会议、文件传输、语音传输等业务类型
- 支持无线图传、移动通信与Wi-Fi接入

vii. 宽带移动通信专网设备。宽带移动通信专网设备包括核心网设备、基站设备及终端设备。其中核心网设备的功能主要是提供用户连接、对用户的管理以及对业务完成承载，作为承载网络提供到外部网络的接口。基站设备主要完成无线接入功能，包括管理空中接口、接入控制、移动性控制、用户资源分配等无线资源管理功能。用户终端为用户使用的接入设备，用户使用终端设备接入宽带移动通信专网，接受系统提供的通信服务。

viii. 无线局域网设备。无线局域网设备主要为Wi-Fi路由器。为用户提供Wi-Fi接入功能。无线路由器的主要技术指标如表4-2。

表4-2　无线路由器主要技术指标

项　　目	指　　标
可同时在线的用户数量	≤64
无线协议	802.11a/b/g/n/ac
最高速率	1.167Gbps

② C/S地面站网。全球搜救卫星组织（C/S）在全球范围内提供公益性质的卫星搜救服务，目前已经建有低轨道或者高轨道卫星搜救地面站（LEOLUT/GEOLUT），由于低轨道搜救系统时效性不足，高轨道搜救系统位置服务能力不足，C/S组织曾经计划于2016年起初步运营中轨道搜救系统，逐步替代低轨道和高轨道搜救系统。在国际合作国家部署中轨道搜救地面站（MEOLUT），通过卫星搜救组网协作中心将新建地面站与中国现有原型系统进行协作运营。

中轨道搜救地面站的主要功能是接收中轨道搜救卫星（SAR/GPS、SAR/GALILEO、SAR/GLONASS）转发器所转发的下行L/S频段遇险信标，完成信标信号的处理与定位，并将定位结果等信息送往本国的任务控制中心（MCC）开展搜救任务。新建中轨道搜救地面站将支持新一代的搜救信标体制，单个地面站点覆盖范围大于3000千米，定位精度达到5千米，并可实现全天候覆盖。根据覆盖范

围仿真分析，将在中国西部、印尼东部、西亚（选取沙特为例）、东欧（选取波兰为例）、印尼部署5座中轨道搜救地面站，覆盖国际合作的主要地区。

中轨道搜救地面站系统组成包括天线及信道分系统、信号处理分系统（SPE）、后端处理分系统（BES）、运行管理分系统（OMS）、技术支撑分系统和任务控制中心（MCC）。如图4-11所示。

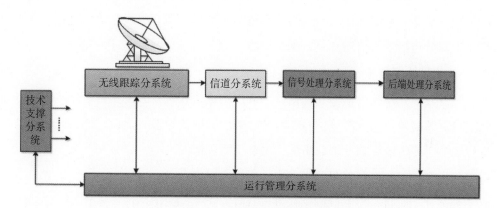

图4-11　中轨道搜救地面站组成

a. 天线及信道分系统

天线及信道分系统接收由中轨道搜救卫星转发的遇险信标信号，并下变频至70MHz中频信号，其主要功能包括：

- 实时接收监控计算机的控制命令和目标捕获跟踪参数，通过伺服控制设备驱动天线捕获并跟踪卫星
- 接收卫星转发的L和S频段的射频遇险信标信号，并送往信道分系统
- 实时向监控计算机传送状态参数及故障信息，具有巡检、状态收集、日志文件生成、故障报警等功能并自行显示
- 具有程序跟踪、手动控制、待机、收藏等功能
- L/S频段低噪放（LNA）接收天线馈源输出的L/S频段信号，并低噪声放大
- L/S频段下变频器将低噪放输出信号下变频到70MHz中频
- 天线及信道分系统由6套相同的L/S双频天线组成，同时还配有天线罩和天线软件

- 天馈部分主要包括天线反射面、馈源、极化器、极化控制开关及馈源支撑架等装置
- 结构部分主要包括X轴传动机构、Y轴传动机构、限位装置、锁定装置及减速机等
- 天线控制部分主要包括天线监控计算机（单元）、天线控制单元、直流伺服驱动器、轴角编码器、限位保护开关、直流伺服电动机、减速器等
- 天线座架可采用X/Y形式，可解决天线过顶的死区问题，天线驱动采用交流驱动
- 信道部分包括下行信道和上行测试信道

b. 信号处理分系统

信号处理分系统由信号处理设备组成，负责接收来自天线及信道分系统的中频遇险信标信号，完成对该信号的检测、解码、解调、参数估计，把相应的信息进行编帧，传送给后端处理分系统，主要功能包括：

- 信号检测：检测信标信号是否存在，要求实时处理
- 参数估计：对每个检测到的信号进行TOA，FOA，C/NO估计
- 信号解码和解调：对各个通道的信号进行解调、解码、纠错，并给出纠错信息
- 干扰信号处理：存在干扰情况下，可进行干扰信号的检测，获取通道间干扰信号时差或频率等参数，用以辅助后端定位服务器对干扰源定位
- 信息的存储和发送：把同源信号的报文，每个信号所属的卫星ID、有效性及完整性标识、TOA、FOA、C/NO进行编帧、存储并传送给后端处理分系统

c. 后端处理分系统

后端处理分系统是MEOLUT的定位处理中心，功能包括：

- 信标信息处理：接收SPE处理得到的信标信息，进行判别区分，以此为依据对burst分别处理，包括等待处理、定位处理
- 定位解算；通过解算伪距方程和多普勒频率方程，得到信标的位置
- 数据管理：对原始信标信息和定位计算信息数据进行管理
- 报警数据打包与发送：将信标信息、定位信息等打包为报警数据，发送至运行管理分系统
- 天线控制：利用跟星策略制定跟星计划，对天线控制单元进行指令下达，控制天线进行卫星跟踪

d. 运行管理分系统

运行管理系统可监控MEOLUT站内设备，监视内部网络状态，并可将报警信息、状态信息和星历数据上报给MCC；同时具备卫星运行轨道计算与显示，MEOLUT站覆盖分析与故障诊断等功能。

- 设备监控：对站内设备进行远程控制，配置设备参数；收集站内设备状态，对故障设备进行报警，并可将MEOLUT站运行状态上报MCC
- 星历数据获取与下发：从时间统一单元获取中轨搜救卫星的星历数据，下发BES
- 报警数据的接收与发布：接收BES发送的报警数据，发送至MCC
- 轨道计算与覆盖分析能力：利用卫星星历数据，进行中轨搜救卫星轨道预报，分析信标信号与MEOLUT站同时可见4颗、5颗、6颗卫星情况下的MEOLUT站覆盖范围
- 故障诊断：利用集成测试平台工具，进行故障诊断，形成故障诊断专家知识库；可对故障信息进行状态维护
- 信息管理：支持星历数据存储、用户管理、日志管理、故障信息管理功能
- 显示能力：对中轨搜救卫星运行轨迹进行二维和三维仿真显示；对定位到的遇险信标位置显示；对站内设备状态框图及网络连接状态显示

e. 技术支撑分系统

技术支撑分系统主要包括集成测试平台、C/S搜救终端等设备。

集成测试平台为MEOLUT站提供必要的测试手段以验证系统的功能及技术指标；同时也为了在MEOLUT站运行阶段提供故障诊断手段。其中，搜救信号模拟器为信号处理分系统、后端处理分系统的测试提供了测试信号源；测试信标设备为应用示范活动提供了参数可配置的测试信号源；SAR模拟分析设备对搜救整个前向链路模拟分析，为系统联试、学员培训提供了理论支持。验证与管理分析设备为应用示范活动、入网验证测试的测试计划管理、测试结果记录、分析提供工具。

基于新一代的全球卫星搜救技术体制，研制支持二代信标体制、具有内置导航模块、支持反向链路的新一代卫星搜救终端。目前市场上的搜救终端主要支持一代信标体制，C/S组织正逐步推广二代信标体制，二代信标采用OQPSK 4项调制，在信标码文、发射功率、激活方式、天线模式、触发模式和信标种类上技术

体制均有所更新，同时伽利略搜救卫星星座具有反向链路功能，具有内置导航模块和反向链路模块的信标机既可以将定位信息编码发送，同时可以接收由地面站的反向发送的确认信息，新一代的卫星搜救终端具有广泛的应用前景。

f. 任务控制中心

任务控制中心的主要功能如下：

- 接收与其相连的LUTs和其他MCCs发送的数据信息，包括报警信息、LUTs站运行状态及星历数据等
- 基于报警数据的数据格式和内容对其进行验证
- 能够有选择地处理报警数据信息
- 能够过滤冗余的报警数据
- 能对报警数据在地理上进行分类，便于报警数据的分发到RCC/SPOC/其他MCC
- 具备故障诊断功能

③ 卫星AIS地面站。卫星AIS地面站，作为空间信息应急响应的服务基础支撑平台，通过获取DCSS小卫星星座的船舶发送的AIS报文信息，实时监测海上船舶状态，主要实现了应急搜救和海上航道安全保障的功能，满足海上通道的各个国家的应急响应需求。

卫星AIS地面站接收DCSS小卫星星座下发的AIS船舶信息数据，它主要包括一定数量的网关站和系统监控站，如图4-12所示。

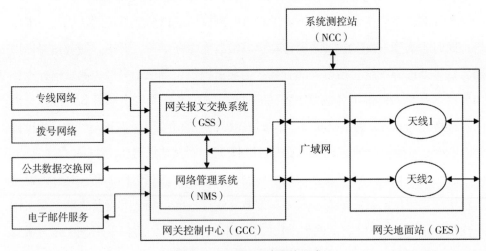

图4-12　卫星AIS地面站组成

a. 网关站。网关站的主要任务是在一定的服务区内提供报文处理和用户管理工作。网关站一般包括网关地面站（GES）和网关控制中心（GCC）。

GES的任务是接收、处理及传输来自卫星的AIS报文，它包含介质增益跟踪天线、射频和调制设备以及用来发送和接收数据分组的通信软、硬件等。

GCC主要包括两个子系统：网关报文交换系统（GSS）和网络管理系统（NMS）。GSS由一系列计算机软件和硬件组成，可实施报文处理、路由管理和信息转换，对外部网络能提供接口，用户可以通过公共或专用数据网、异步拨号方式、Internet等接入。NMS的功能主要有监控网关站内各系统和设备是否正常；监测AIS报文处理流量；监测GES与GSS之间的互连状态等。

b. 系统监控站。系统监控站（NCC）通过遥测监控、系统指令和任务系统分析，负责对卫星空间系统进行管理，保证系统的正常运作。其主要功能包括，监控来自卫星的实时AIS信息；存储及发送实时指令给卫星；提供解决卫星和地面故障的辅助工具与信息；监控网关站的工作状况等。

④虚拟化云平台。虚拟化安全云平台，作为应急保障平台底层硬件基础设施在虚拟化之后的管理平台，主要实现了虚拟机管理和基于虚拟机的安全加固的协同安全防护功能。安全加固功能方面包括基于TCM的用户数据加密模块，虚拟机透明监控及安全审计模块，虚拟机访问控制与安全隔离模块，可信启动与完整性保护模块是现有系统的主要亮点，分别从数据、系统、网络三方面实现了云安全操作系统的可用、可信、可控、可管。

虚拟化安全云平台是一种全面而易于管理的服务器虚拟化平台，基于Xen Hypervisor虚拟化监控系统，同时支持全虚拟化模式和半虚拟化模式。为了高效安全稳定地管理Windows和Linux虚拟服务器，针对Windows和Linux虚拟服务器进行了优化，可提供经济高效的服务器整合和业务连续性，具有强大的功能。

a. 功能

- 创建管理虚拟机，同时支持全虚拟化模式和半虚拟化模式，提供虚拟服务器和虚拟桌面系统服务。其中，半虚拟化模式下的虚拟服务器，运行开源操作系统，如Linux、BSD等，虚拟化开销极小，具有近物理机的计算性能和I/O性能
- 创建和管理虚拟机模板、快照。方便快捷地创建虚拟机；快速还原虚拟机系统运行状态

- 虚拟机实时动态迁移。在物理服务器出现故障或资源紧张时，把虚拟机热迁移到其他的物理服务器上运行，同时保持应用服务的业务不间断性
- 负载均衡。把虚拟机均匀分布到各个物理服务器上，实现计算资源的高效利用
- 高可用。在出现物理服务器突然宕机的情况下，把故障服务器中的虚拟机在另一台物理服务器上启动，实现应用服务的业务连续性
- 可编程虚拟交换网络。管理员可根据网络系统需求，重新部署虚拟机之间的网络拓扑结构

　　b. 组成。依据所述平台架构及业务需求规划虚拟化安全云平台组成如图4-13所示。

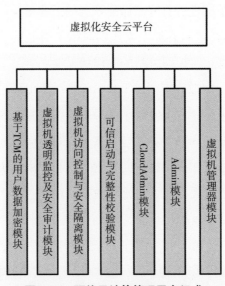

图4-13　可信云计算管理平台组成

- 基于TCM的用户数据加密模块。采用自主研发的轻量级高安全性数据加密算法，对用户涉密数据文件进行透明的加解密，数据文件对其他用户是不可见的
- 虚拟机透明监控及安全审计模块。对虚拟机用户的操作行为和对虚拟机系统的运行过程进行透明监控功能审计，并发送到中央日志服务器上，通过日志分析器进行查询与告警
- 虚拟机访问控制与安全隔离模块。对虚拟机设备的访问与虚拟机间的通信进行

控制或安全隔离，监控虚拟机系统的核心模块内存空间的运行与变化情况

- 可信启动与完整性保护模块。基于TCM可信密码模块芯片建立可信链，对物理服务器集群和虚拟服务器集群的系统文件进行完整性保护

- Admin模块。该模块直接与云平台中的任意一台服务器相连，直接通过调用XAPI的方式操作此服务器上的所有硬件和软件资源，这种管理方式直接、简单、高效，使得云平台管理员可以通过Admin管理云平台上的所有资源（硬件资源和虚拟机资源等）

- Cloud Admin模块。提供基础架构即服务的服务模型，建成一个硬件设备及虚拟化管理的统一平台，将计算资源、存储设备、网络资源进行整合，形成一个资源池，通过管理平台进行统一管理，弹性增减硬件设备。而且根据云环境中的5个特点，Cloud Admin进行了功能上的设计和优化。为了适应云的多租户模式，设计了用户的分级权限管理，通过各种技术进行，保证用户数据的安全和隐私。用户可以直接通过浏览器访问，在一定权限的限制下自由使用自己的资源，实现自服务的模式

- 虚拟机管理器模块，提供高可用性及动态热迁移功能

　　c. 技术指标

- 全虚拟化模式下，虚拟机基本性能达到同级别物理机性能的80%以上；支持半虚拟化且半虚拟化模式下，Linux虚拟机基本性能可达到物理机性能的95%以上

- 磁盘加密吞吐量达到100MB/s以上

- 虚拟化数据加密的系统性能损失小于9%

- 物理服务器内部的虚拟机之间的虚拟网络通信，网络性能达到万兆每秒

- 虚拟化服务器支持物理网卡32张，支持聚合数32张，支持虚拟网卡512张；虚拟机支持虚拟网卡49张

- 虚拟化服务器主机支持逻辑CPU数1600个，支持vCPU数40000个；虚拟机支持最大pCPU数为32个

- 虚拟化服务器主机支持最大内存64TB；虚拟机支持最大内存2TB

　　（2）数据服务平台

　　数据服务平台的存储系统支持多种存储方式，以适应不同形式的数据的存

储需求以及满足不同效率的访问需求。其中，数据源来自"天—空—地"立体数据获取系统，类型涵盖遥感数据、导航位置服务数据、C/S搜救信标信号、基础地理信息数据、社会经济数据、应急指挥/调度数据、系统运维数据等；开展动态快速自组织分布式空间数据存储系统技术研究，建立海量应急空间信息数据仓库；搭建应急空间信息数据资源整合体系架构，研究和建立应急空间信息汇集、整理、管理标准规范和共享机制，形成部门协作、资源布局合理的应急空间信息数据资源整合技术体系。

存储系统主要包括分布式文件系统和分布式数据库，用于存储大数据集和非结构化数据库；结构化数据库集群用于存储结构化数据；实时数据库用于存储访问效率要求高的数据；小文件存储集群用户地图瓦片数据的存储。

①分布式文件系统。分布式文件系统有着高容错性（fault-tolerant）的特点，并且设计用来部署在低廉的（low-cost）硬件上。而且它提供高传输率（highthroughput）来访问应用程序的数据，适合那些有着超大数据集（largedataset）的应用程序。

分布式文件系统是一个主从（master/slave）的结构，在master上管理节点，而在每一个slave上运行一个数据节点。分布式文件系统支持传统的层次文件组织结构，同现有的一些文件系统在操作上很类似，比如你可以创建和删除一个文件、把一个文件从一个目录移到另一个目录、重命名等操作。管理节点管理着整个分布式文件系统，对文件系统的操作（如建立、删除文件和文件夹）都是通过管理来控制。

海量数据分布式存储服务由服务器和客户端两部分组成，服务器端实现文件存储，客户端接收用户的数据访问请求，并从服务器端获取所需数据。服务器端采用将文件元数据与文件内容分离的方法，建立管理节点和数据节点，分别完成文件查询和文件读写两种功能。用户访问某一文件时，首先通过客户端从管理节点获取被访问文件的物理位置，如存放该文件的数据节点、其在数据节点中的路径等，然后向数据节点发出访问请求并获取所需数据。

a. 管理节点。管理节点存储和维护所有文件的属性信息，包括访问权限、创建和修改时间、占用的磁盘空间、文件所在数据节点等。系统中所有文件都被分成多个文件块，其大小可通过配置决定（默认为128MB）；同时，为了保证系统的可靠性，每个文件块又会被复制到多个数据节点上（默认为3个）。管理节点维护整个文件树，并完成从文件块到数据节点的映射。当客户端需要读取某一文件的内容时，它首先向管理节点请求存有需访问内容的文件块所在的数据节点地址，然后选择距离自己最近的数据节点请求文件内容。当客户端需要存储数据时，它首先向管理节点请求可存放写入内容的一组数据节点，然后客户端向数据节点传输需写入的数据内容。

b. 数据节点。数据节点中每个文件块均由两个文件表示，一个用于存储文件块（称为数据文件），另一个该文件块的元数据信息，包括校验和等。数据文件的大小与实际文件块大小相同。

在系统启动时，每个数据节点都与管理节点进行一次信息交互，交互的内容是彼此的命名空间ID和软件版本，如果有任何一项不一致，数据节点将自动关闭。

命名空间ID是在系统格式化时生成的系统运行版本标识符，它存放于系统的每个节点上，命名空间ID不一致的节点不能加入系统。

新初始化的节点没有命名空间ID，这样的节点是允许加入系统的，并获取系统的命名空间ID。

在信息交互中，数据节点将自己注册到管理节点上，并将自己保存的各个文件块告知管理节点，包括文件块ID、文件块大小等。此后每小时数据节点和管理节点之间都会交互一次，以使管理节点可以及时获知数据节点的存储情况。

每个数据节点拥有一个存储ID，用于标示其自身，这样可以服务器的标示独立于IP地址或端口。

c. 客户端。用户通过客户端与存储服务进行交互，存储服务的客户端实际是一组接口API。

分布式文件系统支持对文件的读、写、删除操作，以及目录的生成和删除操作。用户通过命名空间的路径访问某一文件或目录，海量数据分布式存储服务的体系结构对用户应用程序是透明的。

当应用程序读取某一文件，客户端首先连接管理节点，请求存有该文件的数据节点地址，然后客户端直接向数据节点请求文件内容。当应用程序需要写入数据文件时，客户端首先向管理节点请求可存放第一个文件块的数据节点，客户端将这些数据节点组织成管道形式，并写入文件块；当第一个文件块写入结束，客户端重复上述过程写入第二块。

②分布式数据库。分布式数据库建立在分布式文件系统之上，提供高可靠性、高性能、列存储、可伸缩、实时读写的数据库系统。它介于nosql和RDBMS之间，仅能通过主键（rowkey）和主键的range来检索数据，仅支持单行事务（可通过hive支持来实现多表join等复杂操作）。主要用来存储非结构化和半结构化的松散数据。分布式数据库目标主要依靠横向扩展，通过不断增加廉价的商用服务器，来增加计算和存储能力。分布式数据库主要解决的是分布式存储中大规模可伸缩性的问题。它自底向上地进行构建，能够简单地通过增加节点来达到线性扩展。

a. 客户端。包含访问分布式数据库的接口，客户端维护着一些缓存来加快对分布式数据库的访问，比如存储域的位置信息。

b. 集群管理服务

- 保证任何时候，集群中只有一个存储域管理服务
- 存储所有存储域的寻址入口
- 实时监控存储域服务器的状态，将存储域服务器的上线和下线信息，实时通知给存储域管理服务
- 存储分布式数据库的存储模式元数据，包括有哪些表，每个表有哪些列族

c. 存储域管理服务

- 为存储域服务器分配存储域
- 负责存储域服务器的负载均衡
- 发现失效的存储域服务器并重新分配其上的存储域
- 分布式文件系统上的垃圾文件回收
- 处理存储模式元数据的更新请求

d. 存储域服务器

- 存储域服务器维护存储域管理服务分配给它的存储域，处理对这些存储域的IO请求，例如数据的写入和读取请求
- 存储域服务器负责切分在运行过程中变得过大的存储域

③关系数据库。结构化数据库建设采用ORACLE的RAC技术，在一个应用环

境中，使用多服务器管理同一个数据库，不仅分散每一台服务器的工作量，而且采用了一个共享存储设备，安装使用了集群软件和ORACLE数据库中的RAC组件。同时所有服务器上的操作系统都是同一类操作系统，根据负载均衡的配置策略，当一个客户端发送请求到一台服务的listener后，这台服务器根据我们的负载均衡策略会把对应请求发送给本机的RAC组件处理，也可能会发给另外一台服务器的RAC组件处理，处理完请求RAC会通过集群软件访问同一共享存储设备。逻辑结构上每个集群的节点有一个独立的Instance，这些Instance访问同一个数据库，节点之间通过集群软件的通信层来进行通信，同时为了减少IO消耗存在一个全局缓存服务。

Oracle实例节点同时访问同一个Oracle数据库，每个节点间通过私有网络进行通信，互相监控节点的运行状态，Oracle数据库所有的数据文件、联机日志文件、控制文件等均放在集群的共享存储设备上，所有集群节点可以同时读写共享存储。

④实时数据库。实时内存数据库是一个key-value数据库，也可以认为是一个数据结构服务器，因为它的value不仅包括基本的string类型还有listset、sortedset和hash类型。当然这些类型的元素也都是string类型，也就是说，listset这些集合类型也只能包含string类型。你可以在这些类型上做很多原子性的操作，比如对一个字符value追加字符串（APPEND命令），加加或者减减一个数字字符串（INCR命令，当然是按整数处理的），可以对list类型进行push，或者pop元素操作（可以模拟栈和队列）。对于set类型可以进行一些集合相关操作（intersection，union，difference）。实时内存数据库的数据通常都是放到内存中的，也可以每间隔一定时间将内存中数据写入到磁盘以防止数据丢失。它也支持主从复制机制（master-slavereplication），简单的事务支持和发布订阅（pub/sub）通道功能，而且配置管理非常简单，还有各种语言版本的客户端类库。

⑤MySQL集群。MySQL集群是基于无共享的可由多台服务器组成的、同时对外提供数据管理服务的分布式集群系统。通过合理的配置，可以将服务请求在多台物理机上分发实现负载均衡；同时内部实现了冗余机制，在部分服务器宕机的情况下，整个集群对外提供的服务不受影响，从而能达到99.999%以上的高可用性。

MySQL集群物理上由一组计算机构成，每台计算机上均运行着多种进程，包括MySQL服务器，NDBCluster的数据节点，管理服务器，以及专门的数据访问程序，所有的这些节点构成一个完整的MySQL集群体系。数据保存在"NDB存储服务器"的存储引擎中，表结构则保存在"MySQL服务器"中。应用程序通过"MySQL服务器"访问这些数据表，集群管理服务器通过管理工具来管理"NDB存储服务器"。

MySQL集群中各节点的具体功能如下所示：

管理节点：用于给整个集群其他节点提供配置、管理、仲裁等功能。整个集群只有一个管理节点，在整个集群环境中应该优先于所有节点启动，管理节点启动命令为ndb_mgmd。

数据节点：MySQLCluster的核心，存储数据、日志，提供数据的各种管理服务。集群中可以有多个DataNode，每个节点可以存储数据的多个数据副本。数据节点启动命令为ndbd。

SQL节点：用于访问MySQLCluster数据，对外提供访问mysql集群数据的入口，该节点可以有多个。它们类似于单机环境下的mysqld服务，启动该服务以后，可以通过标准的mysqlclient程序的访问数据库，启动命令为mysqld。

应用程序：MySQL集群支持的客户端访问程序非常丰富。外部应用程序访问集群环境下的数据库不能直接访问数据节点，只能访问SQL节点，访问方法与单机环境一样。

（3）应用服务平台

平台层包含云GIS公共服务平台和应急监测平台。云GIS公共服务平台将构建空间信息交换共享系统，实现应急空间信息的快速共享和高效利用，并为各应急业务部门提供接口；应急综合监测平台是基于卫星监测、无人机监测、地面监测的"天地一体化"的国际合作各国应急事件数据监测获取、数据处理与共享的集成平台。

①云GIS公共服务平台。云GIS公共服务平台使用云计算的各种特征支撑地理空间信息的各要素，实现海量多源空间信息数据的整合集成，融合多源应急空间信息数据资源服务。平台支持基础地理数据、遥感专题数据、C/S搜救数据、应急综合终端采集数据、三维数据等五大类以上数据的集成，具有数据存储、管

理、融合、共享、分析、可视五大类能力，向应急应用系统提供应急响应空间信息服务、应用集成服务、功能服务三大类别服务，为应急响应保障提供一种友好的，高效率、低成本的使用空间信息服务。

　　a. 在线服务分系统。提供二维地图服务、三维地图服务、应急空间数据资源服务、地理编码服务等基于标准接口的地理信息服务，以及基于这些服务面向浏览器端的二次开发接口（API），支持数据交换、数据表达、数据整合和应用分析等功能的实现。

　　i. 应急响应可视化服务

- 向应急应用系统响应电子地图的访问服务；响应应急三维场景的可视化服务；叠加其他相关地理信息可视化
- 响应标准空间信息服务，包含基于空间数据资源的OGC标准服务、三维空间资源KWL服务
- 响应地图瓦片服务，对底图和影像数据的服务，通过发布瓦片服务向应急应用系统提供服务

　　ii. 应急响应空间数据服务。通过GIS服务平台向各应急数据中心（应急中心）分发应急空间数据资源。平台通过基础地理服务软件发布空间数据库，各分应急节点通过通信系统访问空间数据库的能力。

　　iii. 空间信息功能服务。空间信息功能服务主要指可以实现某些GIS特定功能和分析的服务，功能服务依托于GIS可视化或数据服务来实现。功能服务为应急应用提供辅助分析计算功能。

- 空间查询服务
- 二维空间分析服务
- 三维空间分析服务
- 路径分析服务
- 第三方地图叠加服务

　　b. 平台门户分系统。平台门户网站系统是具体应急应用机构使用平台功能的入口，通过门户网站系统，能够方便地查询获取平台提供的数据接口和功能接口服务，充分地展示平台所有资源。另外，各服务节点可以通过平台注册、管理自己的应急空间信息服务。

平台门户网站主要功能包括应急空间信息图层目录展示、电子地图浏览、信息查询、空间分析等常规地图功能。同时平台为更好地满足各类应急空间信息应用，可提供动态目标监控服务接口、快速定制等高级功能。

c. 基础地理软件分系统。地理信息服务基础软件，实现地理信息数据的组织管理、符号化处理、地理信息查询分析、数据提取及数据输出等功能。能够正确响应通过网络发出的符合OGC相关操作规范的调用指令的能力，支持地理信息资源元数据服务，地理信息浏览服务、数据存取服务和数据分析处理服务。

d. 二次开发包分系统。平台作为空间信息资源服务的提供方，应急应用系统通过平台API调用平台提供的服务和应急业务应用进行集成，实现应急业务对空间信息服务的分享。

e. 移动应用服务分系统。实现移动空间信息三维展示、信息浏览、下载、信息上传、共享、订单提交、空间信息推送、通信协同、外业标绘定位、外业标绘信息实时采集和上传、外业标绘信息协同整合、外业标绘信息离线编辑同步等功能。

f. 数据资源管理分系统。平台各级节点依据统一技术规范分别对各自的数据进行管理与维护更新。在对本节点数据进行管理时，可针对自身数据特点和平台服务的需求，有针对性地建立数据库和相应的管理系统，并实行用户权限管理、数据库备份与恢复策略，以保障数据的安全使用。

各服务节点对多源遥感卫星数据产品的标准化元信息、各类应急数据需求信息以及服务节点与遥感产品需求者的注册信息，以及对遥感数据融合产品文件进行在线存档管理，并提供对各类存档信息的查询检索服务。数据资源管理系统可保证存档各类数据信息的安全性与完整性，为系统管理员、服务节点、遥感产品需求者提供相应的数据信息服务。

数据资源管理分系统主要负责整个数据处理中心的数据管理，包括产品数据入库、出库控制与审批，编目数据的维护、数据生命周期管理等，并提供完善方便的产品数据查询功能。

②应急综合监测系统。应急综合监测系统接受应急响应系统分发的监测任务和数据处理任务，从卫星接收站获取卫星监测数据或者调度无人监测系统，并经过数据预处理分发到应急数据处理分析中心进行应急数据处理分析，处理结果存

储到数据服务平台专题数据库；国际合作国家各地应急应用系统可以使用手持应急综合终端到现场监测调绘实地数据作为补充，将监测调绘数据传输至将本地应急业务数据中心。系统具有卫星、无人机、手持智能终端三大类监测手段，具有获取、处理、分析可见光、红外、SAR、多光谱四大类遥感卫星数据、导航数据以及C/S搜救信标信号，支持卫星通信、地面网络、移动通信等通信手段。

应急综合监测系统包含任务管理分系统、数据获取分发分系统、无人机监测分系统、应急综合终端分系统、应急数据处理分析分系统及国外数据交换分发分系统组成。

a. 任务管理分系统。任务管理分系统负责监测计划的制订跟踪、任务调度、执行监控等功能。

i. 计划制订跟踪功能：

- 接收应急响应系统发出的应急监测和数据需求任务，并对任务进行分析形成应急监测计划
- 跟踪监测计划和数据产品生产计划

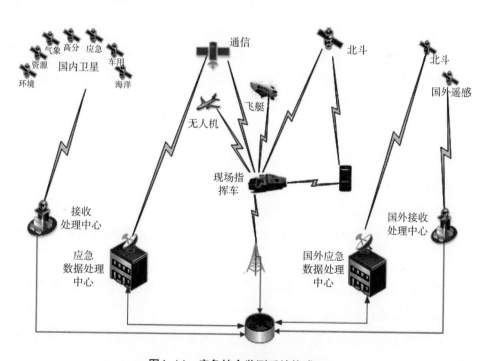

图4-14 应急综合监测系统构成

- 具有本地界面生成、编辑、修改、下发跟踪接收计划和产品生产计划的功能
- 可接收应急响应系统下发的跟踪接收计划和卫星轨道根数和星历数据，并及时转发给接收中心

ii. 任务调度与监控功能：

- 可根据应急监测计划调度各个分系统协同工作，完成应急监测任务。卫星观测数据接收、获取，各级产品数据的生产、编目、入库和分发；无人机监测计划制订下达与任务监控
- 可向数据管理分系统提出数据入库和出库申请，接收数据管理分系统的入库和出库的完成报告
- 可监视任务管理、预处理、控制定位、数据处理的产品生产任务运行状态，对监视信息进行实时显示，并在出现故障时能够及时报警；跟踪统计无人机监测、终端现场监测情况

iii. 系统状态监控功能：

- 可监视各分系统主要设备状态，对监视信息进行实时显示
- 可监视处理中心内部网络的通信设备和状态，以及各类存储设备，对监视信息进行实时显示

b. 数据获取分发分系统。数据获取分发分系统负责接收各卫星数据接收站推送的遥感原始数据，如环境、资源、高分、应急、军用、海洋等卫星遥感光学数据、雷达卫星SAR数据、高光谱数据，并经过快速预处理，具备数据分发的功能。

- 根据应急观测计划，组织数据接收分系统接入卫星原始数据
- 对原始遥感数据进行快速预处理，生成1A、1B影像产品
- 根据需求，获取国外遥感影像数据
- 研制应急数据交换软件，实现与应急数据处理中心、云GIS公共服务平台的对接，实现应急监测数据的共享交换

数据获取分发分系统由数据接入子系统、数据预处理子系统、数据查询浏览子系统、控制定位子系统、数据管理子系统、数据分发子系统等组成

i. 数据接入子系统。数据接入子系统从数据接收分系统接收原始数据，经过数据检查并存储到原始数据库中。

ii. 预处理子系统。预处理子系统主要任务是根据应急数据生产任务订单，进行1A、2级产品的生产。预处理子系统对数据接收中心发送的原始影像数据和GPS原始测量数据进行拼接、去重和拆分处理生成0级数据，并对其进行编目；对0级数据进行辐射校正（含RPC处理）处理生成1A级产品；对1A级产品进行几何校正，生成2级产品等处理。预处理分系统对产品进行质量评价和精密定姿处理，生成产品质量报告文件和精密定姿文件。

支持多种卫星遥感影像数据初级影像产品制作功能，卫星遥感影像数据包括高分遥感数据、SHA数据、气象卫星数据等。

iii. 控制定位子系统。利用卫星辅助测量数据和全轨道GPS数据，进行精密定轨处理；建立数字化试验场，利用影像等数据，对相机摄影测量参数进行在轨检测；利用像点量测成果、精密定轨定姿数据对影像进行空中三角测量平差处理，实现无地面控制及有地面控制条件下的目标定位，并在此基础上对影像进行有理函数建模，形成1B级卫星影像产品的生产。

iv. 数据查询浏览子系统。支持多种属性条件查询，包括元数据查询、标准分幅影像查询、目标区域查询以及综合查询等，同时该子系统还支持数据图片预览功能。

v. 数据管理子系统。主要用于数据接收站的本地数据管理，包括空间数据管理、非结构化数据管理和数据服务管理。空间数据管理涵盖目录和元数据管理、数据更新、数据存储管理、数据备份与恢复等功能；非结构化数据管理涵盖目录和元数据管理，数据归档，数据检索与显示，生命周期及版本管理等功能。

vi. 数据共享交换子系统。实现与应急数据处理中心、云GIS公共服务平台的对接，实现应急监测数据的共享交换。

c. 无人机监测分系统见图4-15。无人机监测分系统以小型固定翼、无人直升机为航空平台，通过搭载可见光照相机、高清摄像机和红外摄像机等多种类型数据采集设备，能有效满足灾害监测、重大工程建设应急测绘、森林防火和台风洪涝等应急救灾响应和灾后评估需求，形成灾情航空高分辨率遥感影像的快速获取、现场实时处理等无人机综合应急监测与减灾能力。同时，通过集成卫星通信、地面中继、3G/4G等多种通信方式实现无人机监测分系统与应急数据处理分析分系统结合形成快速监测能力。

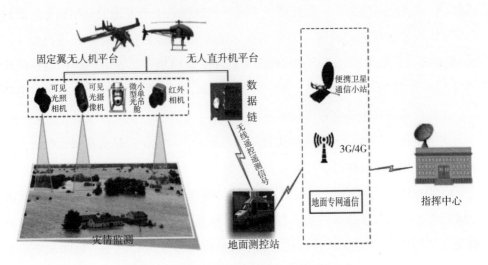

图4-15　无人机综合应急综合监测系统示意

灾区监测大范围普查：采用固定翼无人机作为平台，搭载可见光照相机或可见光摄像机，第一时间进入灾区，实时采集受灾地区航拍视频并回传地面站，对受灾地区道路、桥梁和山体滑坡等执行航拍测绘、水资源监测、河道普查巡视、生态环境监测等应急减灾大范围监测任务，辅助地面救灾人员及时掌握受灾地区情况。

重大工程项目应急监测与测绘：针对投资的重大建设项目，采用无人机平台搭载高精度测绘设备（例如激光雷达Lidar、miniSAR等）进行三维立体测绘，为工程勘测、设计提供地图数据。

灾区监测应急详查：采用无人直升机，并搭载可见光照相机、可见光摄像机等载荷对受灾严重地区进行详查巡视，实时回传现场受灾情况视频，辅助救灾人员开展搜救工作。

无人机应急观测系统主要包括无人机平台、任务载荷和地面测控站三大部分，现列表说明如表4-3。

无人机监测分系统通过部署多种类型无人机平台，实现受灾地区航空遥感监测全覆盖，在突发灾害情况下系统能在2~4小时内到达灾区实时传回高清视频数据，为应急监测提供空中信息采集平台。

表4-3　无人机应急观测系统

组成部分	功能说明
无人机平台	采用固定翼无人机或旋翼型无人机，为遥感监测系统提供空中对地观测的平台
任务载荷	无人机搭载的传感器吊舱内包括可见光照相机、可见光摄像机、红外相机、红外摄像机，可实现任务目标的图像、视频的采集，未来可根据用户的进一步需求，增加激光雷达、SAR等载荷，拓展无人机系统功能
地面站	作为无人机应急观测系统的指挥中心，通过软硬件等设备的配合对无人机系统进行任务规划、控制无人机起降，实时监测系统的工作状态、发出系统的各种控制指令，并完成飞行过程相关数据的存储，在无人机飞行作业完成后，对遥感图像、视频等数据进行后期处理，形成数据产品。便携式地面站是无人机系统的飞行控制及数据接收平台，配有笔记本电脑及配套软件以及飞行控制器等，包括无人机飞行测控、航迹规划、任务载荷控制、任务载荷视频显示等功能

　　d. 应急综合终端分系统。研制综合应急响应终端，终端类型覆盖通信、导航、搜救等应用领域，除具备常规功能以外，还具有突发事件下，稳定、可靠的提供应急响应事件消息采集与发布功能。

　　其主要软硬件组成如下：

- 硬件组成：通用智能终端、北斗定位模块、北斗短报文模块、通信模块、C/S搜救模块

- 软件组成：软件内容包含地图标绘软件、导航软件、通信软件、C/S呼救软件

　　其主要功能如下：

- 新一代C/S卫星搜救终端功能：基于新一代的全球卫星搜救技术体制，支持二代信标OQPSK 4项调制，更新现有信标码文、发射功率、激活方式、天线模式、触发模式和信标种类上技术体制；具有内置导航模块、支持反向链路可以将定位信息编码发送，同时可以接收由地面站的反向发送的确认信息

- 兼容定位功能：具备北斗RNSS和GPS信号的捕获、跟踪、测量和兼容处理功能，完成无源导航定位

- 北斗有源通信功能：主要以北斗RDSS短报文通信为主，支持在地面通信网盲区进行无线通信的功能，实时接收下辖终端的通信和定位信息，下发调度指挥信息。便于应急指挥调度人员的情况追踪等

- 移动通信和网络通信功能：在移动通信和网络通信顺畅的区域，可接入2G/3G网络或通过有线方式接入Internet网络

- 位置数据处理功能：采集并解析北斗RNSS、GPS定位信息，北斗RDSS、移动通信、网络通信信息，可按照符合北斗导航标准的短信息或者IP数据包进行数据解析处理、打包分发

- 地图显示及处理功能：主要包括对在线地图、离线地图的显示浏览缩放，图层管理、符号化配置

- 路径规划功能：主要是利用GIS的最佳路径分析算法实现导航路径规划功能

- 地形分析功能：主要是基于地形图生成DEM，将地面影像作为文理建立三维立体地形仿真，从而实现地表的坡度、坡向分析，两点通视性分析，主要是解决在应急指挥时，进行灾害现场指挥调度的辅助决策

- 数据编辑更新功能：主要是对基础数据进行数据编辑，例如对已发生变化的地理数据进行编辑从而实现对地理数据的更新

- 地图量算功能：利用基础地图或者专题地图实现地图上的精确量算，包括长度量算和面积量算等

- 地图标绘功能：在地图上进行信息标绘

- 信息收发功能：终端能够将采集、标注的定位、通信等有效信息发送至指挥型终端或者监测中心，从指挥型终端发送指挥指令到移动终端，交换和上报野外调查信息，提高调查信息更新速度和工作效率

- 紧急报警功能：包括遇险报警和越界报警，在遇到险情时，能够实现一键遇险报警；当巡护员或者车辆行驶至超越界限之外时，终端能够自动越界报警

- 高精度测量功能：通过连接卫星定位参考站，可以接收并处理增强系统辅助信息，具有差分定位、亚米级精度测量的功能

- 信息管理功能：指挥型终端可实时获得下属终端的定位通信信息，并对原始数据进行汇总分析，根据业务需要向下属终端发送指挥调度命令、任务分配

　　e. 应急数据处理分析分系统。系统数据资源处理生产包括基础地理信息产品、专题应用类产品处理生产。系统采用SOA架构，基于统一的流程配置、流程定制、组件管理等技术面向各类自然灾害、突发事件提供整体处理结果。

　　i. 标准产品数据处理子系统。子系统对基础地理遥感信息产品进行深加工，具备生产遥感四级专题目标产品生产能力。

　　ii. 基础地理信息产品处理生产子系统。系统生产基础地理信息类产品，数

字线化图、数字正射影像、数字高程模型、数字栅格地图、基础遥感地理信息产品、影像几何精校正产品、影像正射校正产品、影像融合产品、影像匀色镶嵌产品、影像地图产品。

系统整合多星遥感数据资源，生产多比例尺目标特性反演类基础信息产品，为应急应用提供数据支持。

iii. 应急专题应用产品处理生产子系统

- 防灾减灾类专题产品生产

进行防灾减灾类应急分析类产品处理生产，灾害监测、灾害评估、灾情分析遥感数据处理分析。产品类型具有定制性、专业性特点。分系统以满足不断发展的行业需求为出发点，以遥感信息提取技术为基础，以行业专业技术为辅助，综合得到用户定制数据产品。

- 海上溢油专题产品生产

通过SAR图像处理检测海上溢油，生成溢油专题产品。

- 建设工程专题产品生产

通过三线阵CCD卫星数据、无人机航飞数据生成三维地形场景地图，制作工程专题产品，用于工程勘测、规划等。

- 灾害气象专题产品生产

iv. 应急专题应用产品处理生产子系统

- 图像、视频实时拼接功能

- 三维模型建模功能

- 无人机影像产品处理功能

f. 国外数据交换分发分系统。国外数据交换分发分系统为国际合作国家提供卫星遥感数据的数据交换分发平台，系统分为数据交换子系统、数据分发子系统。其中，数据交换子系统提供卫星数据信息的共享平台，用户可通过数据交换子系统发布卫星数据的元信息，获得卫星数据的获取渠道。平台还可以根据用户个性化需要提供卫星信息检索、卫星状态查询、基于二维方式显示的卫星过境覆盖区域和卫星成像能力信息。此外，平台能够根据卫星状态信息和卫星参数对卫星的摄影能力进行预测，推荐满足用户需求的卫星信息。

用户可以通过数据分发子系统共享发布数据、获取共享数据。数据分发子系统为用户提供高可靠、弹性可扩展的卫星数据分发平台，用户可通过视频会议系统，展示、协调获取数据。

（4）应用服务系统

服务层包含应急响应系统、应急指挥决策示范系统。应急响应系统包含应急监测任务需求管理、规划、调度、计划等响应，C/S搜救协作响应、应急事件预警等。应急指挥决策示范系统包括应急值守、响应预案、指挥调度与综合会商等。

①应急响应系统。应急响应系统面向国际合作国家的自然灾害、安全生产、卫生安全和公共安全对空间信息的需求，研究应急响应机制，充分利用多方面应急资源，构建应急需求汇总分析、资源调度、任务规划管控、应急协作管理、应急预警综合性应急响应系统。系统支持高分专项、资源、环境、气象、海洋、天绘、应急七类卫星应急响应管控；30个以上卫星地面接收站的应急响应管控；支持4个以上C/S搜救地面站任务控制；支持10个以上国家地区搜救协作；支持气象、洪涝、干旱、火情、病疫5种以上预警信息发布。

a.指挥控制分系统。在重大应急任务启动时，负责调度指挥整个应急响应保障平台，发布指挥调度指令，上报发布信息，完成任务协同指挥控制、星地资源控制。

- 支持多需求多任务汇总分析
- 支持多种调度模式
- 支持多源信息综合显示
- 支持多方面效能评估体系

指挥控制分系统主要有任务汇总分析子系统、任务调度子系统、指挥业务处理子系统、信息综合显示子系统和效能评估子系统组成。满足以下功能需求：

- 任务汇总分析子系统实现对需求、任务的统一管理和审批，实现需求任务的整体汇总。主要包括需求汇集管理、可视化会商、任务生成、任务订单管理和任务订单审批
- 任务调度子系统支持视频和语音调度两种调度方式，可进行成像业务跟踪，任务执行监视等
- 指挥业务处理子系统包括文书规范化管理，用户管理、公文处理与管理、指挥

业务管理和系统管理

- 综合信息显示子系统通过大屏幕，实现卫星成像显示，星地资源显示和卫星成像事态显示，并实现综合显示切换控制功能

- 效能评估子系统实现卫星成像能力评估，卫星接收能力评估，数据传输能力评估，综合信息处理能力评估和系统运行效能评估

b. 应急需求管理分系统。应急需求管理分系统实现国际合作应急任务需求接报分析、分级统计，确定通信卫星通道，监测任务和监测时间优先级，监控需求服务生命周期。需求管理分系统由需求接报子系统、需求分析子系统等组成。满足以下功能需求：

- 接报分析归类国际合作国家的应急监测与应急情报产品需求，对需求进行管理

- 筹划分析应急监测任务需求，合理安排应急监测手段、时段，反馈需求的受理结果

- 基于综合显示和视频会议系统与各方远程会商观测任务，确定观测优先级

应急需求接报子系统：自动接收用户提交的任务需求，或者通过电话接收应急需求并加入，包括应急卫星通信需求、卫星观测需求、无人机监测需求、应急情报产品数据需求。接报的需求通过需求管理的判别和解析、编辑存入。

应急需求分析子系统：统筹分析用户提交的应急需求，查询平台已有成果数据资源是否满足应急需求，分析需求应急监测手段，分析卫星访问与观测时段，并通过卫星观测仿真分系统对卫星观测覆盖范围是否满足应急需求。

c. 卫星观测仿真分系统。模拟卫星在轨的真实状态，即卫星轨道、姿态、星上传感器运动作等，仿真验证遥控指令执行结果的正确性，对卫星及有效载荷真实状态进行监测和仿真模拟，基于基础地理数据、星下点数据、观测覆盖区域数据对卫星运行的实时轨迹、观测范围、扫描条带、面阵区域主要地理要素以及卫星与地面站的可见情况进行仿真，并进行二维、三维显示。

d. 应急监测任务管控分系统。卫星任务管控分系统基于国内外多种卫星资源、国家高分数据中心系统，根据国家救灾应急响应相应等级及特定区域卫星影像需求，编制卫星观测任务计划，统筹规划卫星资源，合理调度国内军民卫星资源，对于特定区域快速开展在轨卫星实时观测，实现应急观测区域的协同成像及大范围区域成像覆盖，为快速处理国内外突发事件提供强有力的信息支撑。

卫星任务管控分系统由卫星轨道仿真子系统、卫星计划调度子系统、任务监控子系统等组成。可实现以下功能：

- 完成需求的全生命周期管理，为用户直观全面地了解系统业务运行状态提供交互平台
- 根据应急决策机构下发的观测任务计划，编制卫星观测计划
- 统筹国内军民卫星资源，合理调度在轨卫星，开展观测任务
- 协调国外卫星资源，高效获取特定区域实时观测数据

e. C/S搜救任务控制中心分系统。任务控制中心添加针对中轨道搜救系统的设备，使其具备中轨道搜救的报警信息的接收和处理功能。

当MCC从自己的LUT或其他MCC收到报警数据或报文后，会根据计算出来的位置将判定示位标报警的位置是否在印尼MCC的服务区内，如果在自己的服务区内，那么则立刻将报警位置和遇险示位标的登记信息生成国际组织规定的SIT185报文通知搜救协调中心（RCC）或其他的搜救点（SPOC），RCC将根据MCC提供的报警信息组织实施救助行动；若MCC接收到的遇险报警位置在其服务区以外，则MCC将会根据遇险数据的具体情况生成相应的报警报文，向遇险信息所属区域MCC发送遇险报文。状态监视子系统可监视MCC自身及与其相连的LUTs的工作状态。

f. C/S搜救协作中心分系统。C/S卫星搜救组网协作中心的主要功能包括对组网内的地面站进行协作管理，包括根据统筹规划制订各个地面站的跟星策略，运行计划，接入组网内各个地面站的遇险信标原始数据，对信号进行解析和联合定位解算，通过低、中、高轨道解算数据对解算位置的有效性进行评估，并且根据地理位置进行分类，根据C/S协议将报警信息分发到相关国家的任务控制中心、搜救协调中心（RCC）或者搜救联络点（SPOC），以开展搜救任务。

g. AIS海上安全与搜救服务分系统。AIS海上安全与搜救服务分系统基于DCSS小卫星星座，结合国际合作各国海上航道安全、互联互通的应用需求，以泰国、印尼、巴基斯坦、孟加拉国、埃及等海上丝绸之路国家为主要对象进行合作，利用船舶AIS信息和空间通信网实现应急搜救和海上航道安全系统的建设。DCSS小卫星星座由36（Walker星座45°倾角）+2（同步轨道）颗低轨（900千米高度）微小卫星组成。DCSS小卫星通过地面采集终端获得数据，并将数据存储

转发至地面网络网关站，以实现全球覆盖。DCSS小卫星星座携带的AIS接收机，可有效利用地面已有的船基AIS系统，同时低轨运行能够有效降低星上和地面通信终端的成本。

基于DCSS小卫星星座的AIS海上安全与搜救服务分系统，主要包含海上船只航道信息采集子系统、海域内数据采集和存储转发子系统、以及呼救信号应急广播子系统。

i. 海上船只航道信息采集子系统。依靠星载AIS接收机、星上自主管理软件、地面站和数据处理中心协同工作，及时收集东南亚热点海域船舶发送的AIS消息，通过在福建省新建的AIS地面站，将AIS信息迅速分发到数据处理中心。数据处理中心汇总采集消息后，对特定区域AIS消息做集中处理和分析，及时生成国际海域的船舶分布情况报告，有助于各国对本国船只及本国海域进行监控和安全管理。该系统同时支持对突发情况下，特殊海域的船舶信息搜集或具体船只历史航迹的查询。

ii. 海域内数据采集和存储转发子系统。利用DCSS小卫星星座的空间自组网功能，设计与星上通信体制一致的地面通信终端设备，配备专用传感器采集海洋数据，可实现数据在星间、星地链路的自主路由、动态存储和高效转发。在不同类型移动终端上安装高度集成的数据收发设备和相应的传感器，能够动态收集的各种监测量，经过卫星实时或存储转发后传输到地面接收处理中心或直接交付给用户。DCSS小卫星星座能够有效演示实现将传感器采集的海洋监测数据信息（海洋温度、洋流、渔业等），用户短消息或语音信息通过微小卫星星座和自组织网络进行存储转发的功能。

iii. 呼救信号应急广播子系统。通过与国际国家合作，在远离岸基的船舶上安装地面终端，发送应急呼救信号。DCSS小卫星星座的星上组网载荷能够及时响应应急信号，一方面利用星地链路重复发送应急信号，扩大船只应急信号的地面覆盖范围，弥足岸基系统的不足；另一方面利用自组织网络，及时下发到最近地面站，并传送到数据处理中心。数据处理中心启动应急策略，调用应急信号发送海域AIS消息分析数据，并追踪特定船只的历史航迹，提供给当地海域监管部门辅助救援。

通过基于DCSS小卫星星座的AIS海上安全与搜救服务分系统，一方面有效地以低成本低轨星座实现海上互联互通，服务海上安全、海洋科研与环保等应用；另一方面为国际合作国家联合部署卫星空间网络，实现海洋遥感、监测、通信服务奠定技术基础。

h. 应急预警分系统。应急预警分系统是通过应急综合监测系统的数据处理结果提取安全预警信息并通过预警分发通告，在最早的时间范围内减少灾害影响，提前预防灾害、安全事故的发生。如洪涝灾害、火情、海面溢油、气象灾害、环境污染等。

分系统分为信息汇集子系统与预警发布子系统。

i. 信息汇集子系统。信息汇集子系统负责从云GIS公共服务平台及各国分平台获取区域内应急预警信息，包含通过卫星遥感监测数据经过融合处理分析结果数据、无人机现场监测处理结果数据、现场监测数据，或者通过综合分析得到了信息数据。

ii. 预警发布子系统。预警发布子系统通过应急通信平台和发布子系统平台网站、其他相关信息发布平台向预警对象以网站、短信/微信、电话、电视等多种形式提供预警信息。

预警发布对象包含国际合作国家政府、应急联动部门、应急责任人、应急广播系统、电信绿色通道、媒体、公众。

②应急指挥调度示范系统。应急指挥调度示范系统以云GIS公共服务平台为空间信息服务依托，向应急响应系统获取应急预警信息或在应急事件发生时提出应急监测需求，事先制订应急事件的预案，值守接报应急事件，指挥调度、研判会商应急事件。系统具备10种以上应急预案，通过GIS综合决策调度、视频会议、短消息等多种方式进行指挥调度。

a. 应急值守分系统。应急值守分系统支持各种安全应急事件信息的接收与报送，对事件信息进行管理、以及向外部发布时间协调指挥过程和当前应急救援情况的信息。

i. 信息接报子系统

接报信息自动录取或手工输入，或者使用GIS标注上报信息，并向相关部门信息报送，实现信息批转。

ii. 信息查询管理子系统

在接到上报信息后，及时将信息生成事件，并将事件包含的其他上报信息关联，并通过系统查询事件和关联关系。

iii. 信息发布子系统

值班人员定期或不定期向外部发布事件协调指挥过程和当前救援情况，主要包含生产发布信息、查询调阅发布信息、确定信息发布途径及范围、待发布信息的审核、发布等功能。

iv. 值班管理子系统

对值班人员进行管理，合理分配人力资源及配套设施，保证应急值守系统全体7×24小时常态运转，并做到有人职守、无人值守。

b. 应急响应预案分系统。应急预案是突发事件应对的原则性方案，为保证迅速、有序、有效地开展应急与救援行动、降低事故损失而预先制订的有关计划或方案。应急监测预评估分系统重点建设内容为建立一套应急预评估指标体系，获取应急预案的各项指标并进行评价，保证应急预案具备事故发生前指导、事故发生时救援、事故发生后分析等能力。根据应急预案评估重点的不同，可分为完备性评估、可操作性评估和有效性评估3种类型。

应急监测预评估分系统包括应急预评估指标处理子系统、应急预案完备性评估子系统、应急预案可操作性评估子系统、应急预案有效性评估子系统、应急预案评审子系统。

i. 应急预评估指标处理子系统。应急预评估指标处理子系统负责完备性评估、可操作性评估和有效性评估3种类型应急预案评估的指标处理。通过构建科学系统的应急预案评估指标体系，依托卫星通信、遥感、导航等空间信息资源，处理指标体系选择的具有可量、可信且内涵丰富的主导下指标作为评价因子。

ii. 应急预案完备性评估子系统。应急预案完备性评价指标体系的构建原则如下：

- 对比国内外应急预案编制指南和评估标准，找出值得借鉴、较重要的、有较好指导作用的信息
- 参考国内学者提出的应急预案编制过程、编制过程中需要注意的事项等内容，进一步完善指标体系
- 梳理指标体系，删除重复指标
- 对应急预案进行试评估，通过试评估发现指标体系中的问题并进行修改完善

- 根据指标体系建立原则，把应急预案完备性评估指标体系分级，建立突发事件评估指标评分标准，进行应急预案完备性评估

iii. 应急预案可操作性评估子系统。应急预案的可操作性评估即为应急预案任务的系统复杂性评价，分解应急预案系统任务和基本子任务、提取应急预案中的信息和行动、确定每个基本子系统中的信息和行动、定义应急预案的复杂度指标、计算结果。根据评审原则，由应急预案中各个行动内容之间的先后顺序、前提条件、层次关系、分支条目等，求出子任务内部复杂度，并通过各子任务的所占的权重值及子任务内部复杂度得到应急预案所对应的复杂度。

iv. 应急预案有效性评估子系统。应急预案有效性评估可分为事前有效性评估和事后有效性评估。参考部分学者对有效性评估的相关文献，应急预案的有效性从预防和预警、应急响应和救治、疏散措施等几个方面进行评估，评估指标体系如表4-4。

表4-4　应急预案有效性评估指标体系

一级指标	二级指标	指标解释
预防和预警	事故预警的及时性	事故发生前是否及时预警，是否根据预警信息采取了事故预防措施
	事故上报的及时性	事故发生后是否及时报告和上报
	预案启动的及时性	接到报警后是否及时启动应急预案
应急响应和救治	人员响应的及时性	人员响应的时间是否在预期时间内
	救援措施的有效性	应用救援措施是否达到预期效果
	人员救治的及时性	人员救治的时间和效果是否达到预期
	应急程序的顺畅性	应急程序是否健全、顺畅
疏散措施	疏散措施的有效性	运用疏散措施是否起到安全疏散效果
	疏散措施的顺畅性	疏散路线是否畅通无阻
信息公开	信息公开的及时性	信息公开是否及时有效
善后处置	善后处置的有效性	善后处置和恢复措施是否达到预期
保障措施	保障措施的充分性	各种保障措施是否齐全、完好
应急组织机构	组织机构的协调性	组织机构是否协调一致，有效工作

v. 应急预案评审子系统。应急预案评审子系统包括预案上传、预案查询、专家评审等3个模块。其中，在预案上传模块中，用户可新建、提交、上传预案；

预案搜索模块可分为预案名称直接查找及按特定条件来详细查找某一类预案，可查看预案属性如预案信息、评审信息、评审指标信息；专家评审模块主要是依据相应标准进行评审，专家查看预案并在相应条目上对各因素评分及列出评审意见。

c. 应急指挥调度分系统

i. 态势展示子系统，通过二、三维GIS地图叠加应急前线综合态势图综合显示。

ii. 视频监控子系统，通过视频监控实时了解应急现场状况。

iii. 指挥调度子系统，通过多种手段指挥调度，地图可视化综合调度、短消息调度、视频通话调度。

iv. GIS应用子系统：具有路径规划、空间查询、地理编码查询等。

v. 指挥业务处理子系统包括文书规范化管理、用户管理、公文处理与管理、指挥业务管理和系统管理。

d. 研判会商分系统。研判会商分系统由位于中国的主会场和位于合作国分会场组成。该视频会议系统综合考虑中长期发展计划，在网络结构、网络应用、网络管理、系统性能等各个方面适应未来视频会议和多媒体应用的发展。

提供会商功能，可以通过互联网开展商务会谈。利用视频会议系统、摄像机、液晶显示单元等可以随时进行视频会议，可进行图像、声音的双向交流。

研判会商与态势分析分系统主要由信息汇总子系统、信息展示子系统、研判会商与决策子系统、应急需求筹划子系统等组成。

i. 信息汇总子系统，主要负责各方信息汇总，包括空间信息数据、现场回传数据、快报信息、处理分析结果等，以及各种信息的存储、查询等。

ii. 信息展示子系统，主要负责各方信息的二维展示，在电子地图或专题图的基础上，将观测信息、处理分析结果、现场回传信息等进行展示，以便于领导进行会商决策。

iii. 研判会商与决策子系统，主要在信息汇总展示的基础上，对灾区现场情况、周边状况进行初步研判及会商，得到分析结果，并在此基础上形成救援决策结果。

iv. 应急需求筹划子系统，主要负责向应急响应系统提交应急监测需求，针对灾区现场、周边情况，形成所需卫星遥感数据的需求请求。

（5）平台运行监控管理

平台运行监控管理包括统一身份认证、一体化监控和软件系统运行管理分系统。

①通信运行管控分系统。通信运行管控分系统实现对应急通信保障平台的运行管理、业务管理、网络管理和网元管理等，空间信息应急响应保障平台通过运行管控分系统实现对应急通信保障平台的管理与控制。运行管控分系统能够为保证网络可靠、正常地运行提供各种监视、控制、维护等功能。

运行管控分系统采用两级网络管理的方式实现对整个网络的管理。运行管控分系统由业务运营支撑系统（BSS/OSS）和网络管理系统（NMS）组成，实现对应急通信保障平台通信网络的管理控制运营支撑功能。其中，网络管理系统（NMS）作为底层，主要实现通信网络中设备状态的监视、控制，以及对全网的通信资源进行统一管理和调度功能，为维护提供支撑；业务运营支撑系统（BSS/OSS）作为顶层，提供服务开通认证功能，实现对网络运行状态的监视、控制以及应用系统的运行管控及配置管理功能。

a. 网络管理子系统。网管子系统包括网络管理以及网元管理。网络管理实现拓扑管理、配置管理、监控管理、资源管理、告警管理、系统管理等主要功能，实现对全网的通信资源统一管理的调度功能，对各终端站进行资源分配功能以及网络设备运行状态的实时监控。网元管理实现射频设备管理、终端站管理和基带设备管理功能。为方便管理网络设备以及网元设备等被管理对象，网管系统采用通用的接口模块适配器设计，接口适配层连接独立的网元以及网元管理模块，完成数据的交互。例如，RF射频系统由多个网络元素组成，而RF射频系统的管理不仅包括简单的设备开启关闭等操作，还包括信号传输能力的故障监控以及SNMPMIB的定义及管理等功能。而射频设备管理模块即实现射频设备的基础管理功能，基带设备管理模块实现基带设备的基础管理功能，终端管理实现用户终端的基础管理功能。

b. 业务运营支撑子系统。业务运营支撑子系统，是系统业务信息资源共享及业务运营的支撑系统，负责卫星网与地面网之间的接入，并实现对网络运行状态的监控以及运营管理；同时可为系统内部各系统提供统一的运营管理，具有对各系统的监控能力，能够全面监视全网的运行状态。

业务运营支撑子系统包括业务运营与数据管理子系统、数据交换子系统、状态监视与维护子系统3个功能性子系统。其中，业务运营与数据管理子系统是业务运营支撑系统的核心，实现业务运营支撑系统的运营管理及全系统数据管理功能；数据交换子系统是系统对内、对外的统一接口，实现业务运营支撑系统数据交换的功能；状态监视与维护子系统完成对系统内所有关键设备的监视。

②平台软件系统运行管理分系统。

a. 流程管理子系统。流程管理分系统是提供面向各类应急应用的业务需求，实现各类不同应用服务的流程编排，能够按照业务流程的逻辑顺序，组配各类原子服务，能够实现不同原子服务的聚合。支持应急响应主体业务的工作流的定制与组配功能。

b. 审核办理子系统。平台用户通过门户发起的资源申请流程将自动提交至后台运维人员，根据相应的规范，运维人员决定是否授予申请者相应的资源使用权限。若同意，授予相应的资源使用权限；若拒绝，则反馈拒绝原因。在系统中，由于空间服务与角色信息是一一对应的，为了实现对用户的授权，只需要将用户设置为隶属于特定角色即可。

c. 日志管理子系统。主要包括运行日志管理、服务日志管理以及异常信息管理。通过对日志的管理、统计、分析、审计来跟踪系统的变化。

运行日志审计功能可归纳为3个方面：记录和跟踪各种系统状态的变化，如提供对系统故意入侵行为的记录和对系统安全功能违反的记录；实现对各种安全事故的定位，如监控和捕捉各种安全事件；保存、维护和管理审计日志。系统主要实现日志的分布式存储、提取和信息挖掘，完成相应日志的收集、分析及管理，其中日志按固定文件大小（如1M）和按日期复合形式在服务节点服务器上存储。日志类型主要包括，服务访问日志、应用展示系统日志、数据管理日志、用户（安全）日志、系统监控日志、系统运行日志等。

d. 插件集成管理子系统。针对不同的业务应用，提供集成异构平台的应用能力，提供服务的交互通信、协作组合的能力。

针对应急响应的需求，组态化的软插件管理为用户提供了支持功能插件热插拔的基础环境，使应用功能模块及软件服务以独立的插件形式实现，使插件能够在不影响系统正常运行的情况下被动态添加、删除和修改，以保证功能插件的即插即用性。组态化的插件管理容器是实现功能插件全生命周期动态管理的关键基础设施。

③统一身份认证分系统。主要完成空间信息应急响应保障平台的用户、角色、权限、存储等进行统一身份认证及授权分布管理，确保应急响应系统、应急监测系统、云GIS公共服务平台7×24小时安全、稳定及可靠运行。系统要求对用户和角色信息利用轻量级目录访问协议（LDAP）容器进行存储，LDAP支持高性能的用户信息查询检索能力，特别适用于构建统一的身份认证系统，实现单点登录功能。

④一体化监控分系统。一体化监控平台负责收集，整理，格式化显示各系统上报的功能和性能数据，从而达到对各系统的软硬件运行状态进行实时监测的目的。同时，一体化监控平台可以实现对各个系统服务的自动化部署和管理，当分系统的运行状态出现异常时，可以通过一体化监控平台对分系统的服务进行重新的部署和远程管理。

4.3.4　建设模式

空间信息应急响应保障平台项目以我国为主，国际合作各国参与数据分中心建设。我国负责提供平台建设和系统集成，国际合作各国基于空间信息应急响应平台根据实际情况研制应急业务系统和数据分中心，分中心和业务系统经费由各国自行筹备，应急通信租用我国天地一体化的通信通道。

（1）建立卫星应急服务支持中心，研究应急响应机制，编制国际合作应急服务保障规范标准，建设空间信息应急响应保障资源管控中心，构建应急响应系统。

（2）充分利用高分专项和民用空间基础设施规划建设的卫星资源，以及中国—东盟海上合作基金等支持建设的信息服务设施和无人机快速监测响应、终端现场监测为补充，构建从对地观测、数据接收、处理、交换为主的应急监测系统，为应急响应空间信息服务提供数据基础。

（3）充分利用卫星通信链路、地面移动通信站网、光纤网络，构建应急通信保障平台。

（4）借助应急监测系统共享交换数据为基础，构建云GIS公共服务平台，为国际合作国家搭建4个中轨道搜救地面站网，研制卫星搜救终端，建设搜救任务控制中心、搜救组网协作中心，实现国际合作大部分区域全覆盖。

各国通过应急平台实现资源管理、数据服务共享和应急业务服务调度。各国应急系统对平台数据服务和应急业务服务的使用付费，同时能够分享数据分中心共享产生的贡献效益。

4.4 运行服务模式

4.4.1 总体业务流程模式

基于空间信息应急响应保障平台的基础支撑平台、数据服务平台、应用平台系统与应用服务平台，各国分中心可通过空间信息应急响应保障平台实现空间信息共享交换（图4-16）。

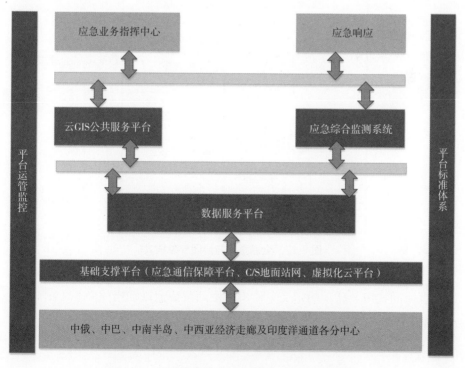

图4-16 空间信息应急响应保障总体业务流程图

4.4.2　全息指挥与协同应急模式

协同模式是多个不同类型、不同层次的指挥中心和执行机构通过网络组合在一起，按照约定的流程，分工协作、联合指挥、联合行动。应急联动机制是由多个不同类型、多层次指挥系统构成，不同系统具有不同的职责，不同事件有不同的指挥主体。应急指挥者还可依托应急通信保障平台，利用"声音、视频、数据"的传输技术，实现"立体全面、实时直观、信息共享、准确高效"的应急全息指挥，从而形成全息指挥与协同应急的科学机制，可有效提高应对突发事件的有效性，形成各国各级部门的协同应急能力，充分体现一体化应急的功用（图4-17）。

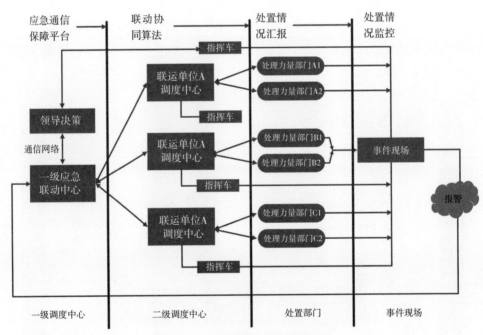

图4-17　全息指挥与协同应急模式

根据协同式应急联动的定义，该模型由两层应急联动指挥中心（图4-7中一级应急联动中心属第一层应急联动中心，联动单位调度中心A、B、C均属第二层调度中心）及多个执行部门（图4-7中处置力量部门A1、A2、B1、B2、C1、C2）通过网络联系在一起。当一般突发事件发生时，可由第二层调度中心即部门指挥中心直接处理完成。重大事件发生时，可通过网络自动被总部指挥中心捕获，总部指挥中心（第一层调度中心）协同国内其他部门/各国指挥中心（第二层调度中心）和执行部门共同处置。总体指挥中心在应急模式下侧重于重大事件的协调、决策和监督，常规模式下侧重于应急事件的管理、预防和监测。部门指挥中心，如环保指挥中心、交通指挥中心、急救调度中心等，则侧重于对紧急呼叫的快速反应，先期处置。远程终端主要是网上快速接收指令、网上反馈，平时上传应急指挥基础数据至数据服务平台。

全息指挥借助应急通信保障平台，使得指挥中心对于现场信息能够全面掌握和了解；可让指挥人员甚至是现场人员能够看到突发事件现场情况，大大提高了救援行动的针对性和安全性；各级部门与现场救援人员既是全息指挥系统中的一员，又在供给信息的同时分享信息；形成科学合理的指挥与协同机制。

4.4.3 应急响应模式

应急响应系统在收到应急应用系统提出的应急监测需求，经过监测规划，调度对地应急观测和数据处理，监控应急监测运行状态。

C/S搜救地面站在接收到C/S搜救卫星的呼救信号，将搜救位置信息推送给应急响应系统的C/S搜救任务控制中心，通过C/S搜救协调中心协调搜救组织前往呼救位置搜救（图4-18）。

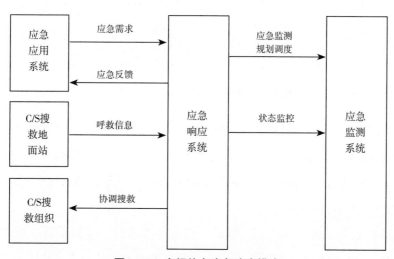

图4-18 空间信息应急响应模式

4.4.4 数据交换模式

此应用模式主要的建设内容是为空间信息应急响应服务提供统一的数据交换平台。依据统一标准进行现有系统数据的整合，同时为后续应用建设提供一套可遵循的标准规范，便于系统集成。

建设基础是搭建数据交换平台，数据交换平台主要基于政府服务总线搭建，以消息驱动为核心，通过服务组装实现应用系统之间的松耦合集成。通过数据抽取或数据变化形成的消息，驱动应用系统之间或应用系统与数据库之间的数据交换，最终在数据资源层面达成应用系统的整合。附数据交换平台数据交换示意（图4-19）。

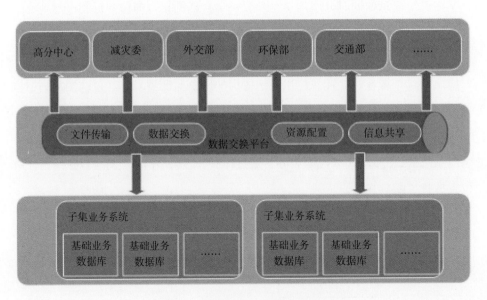

图4-19 数据交换平台数据交换示意

政府数据交换与集成包括基础地理空间库、基础人口库、宏观经济信息库等城市基础数据库，各相关行业部门根据各自需求建立的相关数据库，以及数据中心、安全基础设施等。数据是重要的战略性资源，基于本层的数据融合和信息共享是支撑应急响应服务的关键。

政府数据中心由以下几部分组成，原有业务系统、遗留系统、新建系统、适配桥接、前置信息库、数据交换平台、中心数据库、管理业务系统等。原有业务系统是此次数据中心建设的基础，中心数据库的所有数据都来源于这些业务系统。适配桥接为应用集成中间件提供的功能，是用来将已有业务系统的数据抽取到前置信息库中。为了不影响原有业务系统的正常运转，为每个业务系统建立前置信息库，前置信息库用来存储原有业务系统的数据变更情况，可根据实际情况来确定是否需要建立前置信息路。数据交换平台通过前置信息库将已有业务系统的数据变化同步到中心数据库，同时需要对数据同步进行管理监控。中心数据库存储来自原有业务系统的数据，为政府统一的业务信息。基于此中心数据库，可以构建新的管理、业务系统，实现如统计分析、决策等管理活动。

有两种方法来实现数据级集成。第一种方法，部门内的数据共享，部门的数据变化，会发布到数据交换平台，部门内部的各个子部门向数据交换平台订阅数据，并增加或更新相应的数据内容，同时将修改内容在数据交换平台更新，从而实现部门内部的数据交换和同步。第二种方法，横向的数据共享，以中心数据库为中心，各个部门将数据清洗，形成统一的标准格式，并通过有效的路由机制，实现各个部门之间的数据交换和同步。

4.4.5 系统服务认证与授权模式

统一认证及授权模式主要包含统一认证部分及统一授权部分见图4-20。其中，统一认证部分是以统一身份认证服务为核心的服务使用模式。用户登录统一

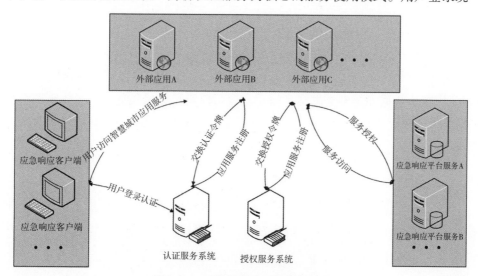

图4-20 系统服务认证与授权模式

身份认证服务后，即可使用所有支持统一身份认证服务的应用系统。同一授权部分则根据用户及应用的注册信息生成用户对于平台服务及资源的访问权限。

统一认证的服务模式描述如下：

- 用户使用在统一认证服务注册的用户名和密码（也可能是其他的授权信息，比如数字签名等）登陆统一认证服务

- 统一认证服务创建了一个会话，同时将与该会话关联的访问认证令牌返回给用户

- 用户使用这个访问认证令牌访问某个支持统一身份认证服务的应用系统

- 该应用系统将访问认证令牌传入统一身份认证服务，认证访问认证令牌的有效性

- 统一身份认证服务确认认证令牌的有效性

- 应用系统接受访问，并返回访问结果，如果需要提高访问效率的话，应用系统可选择返回其自身的认证令牌以使得用户之后可以使用这个私有令牌持续访问

统一授权的访问模式如下：

- 用户或者外部应用申请对某一系统服务或者资源的访问

- 统一授权服务根据应用的授权列表及用户的授权列表，动态生成用户访问资源或服务的访问许可应用获得用户访问资源或者服务的授权令牌，允许用户进行相应的访问操作

4.4.6　数据融合存储与服务模式

数据融合存储与服务，提供关系型数据库、集群式实时内存数据库、Key-Value分布式数据库等多类融合存储手段，可以满足结构化数据、大规模非结构数据、实时内存数据的存储要求，通过数据服务引擎，为外部系统屏蔽数据存储手段与位置等实现细节。此外，每类存储方式，均提供一组基础的数据接口，例如，实时数据库的Get、Set、Sadd接口等。

作为一种通用的数据存储与服务模式见图4-21，允许外部系统基于各类基础数据接口，定制开发应用数据接口。应用数据接口，使用基础数据接口的数据访问能力，为应用系统，封装面向领域应用的数据接口服务。例如：使用分布式数据库的Get接口，为车辆监控系统封装历史轨迹数据获取接口。数据服务引擎，

为应用数据接口服务，提供运行时管理环境，对业务数据请求进行调度管理，提供大并发数据访问的处理机制。

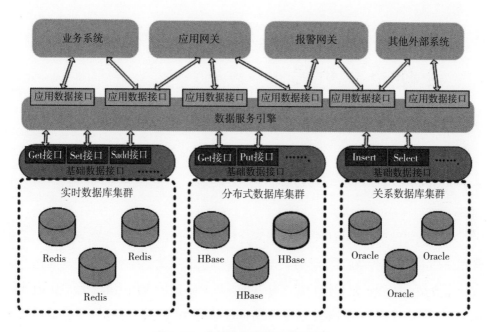

图4-21 数据融合存储与服务架构

参考文献

[1] 范一大, 吴玮, 王薇, 等. 中国灾害遥感研究进展[J]. 遥感学报, 2016, 20（5）.

[2] 陈玲, 贾佳, 王海庆. 高分遥感在自然资源调查中的应用综述[J]. 国土资源遥感, 2019, 31（1）.

[3] 刘倩, 梁志海, 范慧芳. 浅谈无人机遥感的发展及其行业应用[J]. 测绘与空间地理信息, 2016, 39（6）.

[4] 李德仁, 张良培, 夏桂松. 遥感大数据自动分析与数据挖掘[J]. 测绘学报, 2014, 43（12）.

[5] 王树良, 丁刚毅, 钟鸣. 大数据下的空间数据挖掘思考[J]. 中国电子科学研究院学报, 2013, 8（1）.

[6] 刘扬, 付征叶, 郑逢斌. 高分辨率遥感影像目标分类与识别研究进展[J]. 地球信息科学学报, 2015, 17（9）.

[7] 徐冠华, 柳钦火, 陈良富, 等. 遥感与中国可持续发展:机遇和挑战[J]. 遥感学报, 2016, 20（5）.

[8] 张洪群, 刘雪莹, 杨森, 等. 深度学习的半监督遥感图像检索[J]. 遥感学报, 2017,

5 防灾减灾综合监控与指挥调度国际合作平台研究

5.1 研究目标

防灾减灾综合监控与指挥调度国际合作平台，面向全球灾害热点地区，充分利用遥感卫星数据，通过总体方案设计、关键技术攻关、技术方法集成固化、减灾应用原型系统和示范系统建设，并开展减灾热点区域应用示范，形成国内外协同合作的灾害监测、预评估、评估和信息服务能力，有效地服务于灾害热点国家和区域。

结合国内外不同地区减灾业务需求，综合遥感卫星载荷的指标和协同观测能力，充分分析我国在海外建设防灾减灾应用体系的能力和潜力，并以此为基础，开展减灾应用示范系统的总体技术方案设计。

梳理现有资源、选择典型灾害案例，建设减灾应用数据库，同时搭建研究实验和示范原型系统测试软硬件环境。开展关键技术攻关、技术方案、应用模型研究，开展原型系统软件研发与系统集成，建设防灾减灾综合监控与指挥调度系统。

综合利用国内外各类数据资源，完成防灾减灾软硬件系统建设，确定减灾"国际一体化"高性能协同应用和信息服务运行模式，初步开展灾害重点建设国家及区域的灾害监测、预评估、评估和信息服务应用示范。

通过建设过程中的减灾应用科技攻关，突破遥感灾害监测关键技术，提升空间技术减灾科技支撑能力，促进灾害遥感应用领域方法和技术研究的发展，在国外重点区域建成的防灾减灾综合监控与指挥调度系统与国内综合减灾业务与服务体系对接，推动国家综合防灾减灾业务能力的提升，为国内防灾减灾基础设施和经济社会效益的发挥提供保障。

5.2　技术可行性分析

我国空间信息技术及其应用已进入成熟阶段，完全可以支撑国家开展防灾减灾综合监控与指挥调度系统。具体技术可行性通过如下三点说明。

5.2.1　空间信息应用服务技术已在各个行业开展，并具备常态化运行技术

在卫星综合应用与服务领域，我国已经具备了包括科工局、国家测绘局、国土资源部、农业部、水利部、减灾委、环保部、高等院校等为主的研究与应用团队，更大力培育了一些遥感、导航应用团队，空间信息技术服务也不断完善。

近年来，我国开始走向世界，为一些国家，包括泰国、老挝、缅甸、埃及、委内瑞拉等国，提供国土资源、气候变化、农业监测、灾害应急等领域的应用技术服务。表明我国卫星综合应用领域已经具备了对外技术输出的能力。

5.2.2　国内无人机技术成熟，已广泛应用于防灾减灾

随着无人机技术的不断发展，无人机自主飞行能力、续航能力、飞行半径都有了显著增长，故障风险率降低，无人机价格大幅下降；同时，航空高分辨率对地观测载荷、无人机测控通信等技术不断发展以及军民融合应用，使得无人机在海域监测的广泛应用成为可能。

无人机飞行控制方面，无人机已经具备良好的自主航线飞行能力。在飞行作业前，根据目标区域位置预先规划飞行航线；无人机在飞行过程中根据预设GPS坐标，沿航线自主飞行，采集目标海域遥感数据，飞行过程中无须人工干预，实现差距离、大范围海域自主飞行。

无人机长航时飞行方面，无人机发动机性能不断改善，续航能力得到提升，可实现中远海飞行。部分先进无人机机型可配备重油发动机，形成舰载起降能力。

无人机任务载荷方面，相关单位已经研制生产出小型化、低功耗化的高光谱、合成孔径雷达、激光雷达、倾斜摄影多拼相机等新型无人机载荷，可采集目标海域、海岸带的光谱数据、SAR数据、三维点云、多角度图像等，执行海岸带/海岛立体测绘、养殖区分析等任务。无人机测控通信方面，目前的无人机可配备高速数据链，实现高清视频数据，以及高光谱、SAR等大容量数据实时传输的能力。通过对无人机网络化测控等技术的研究，在无人机高速通信、长距离通信等方面取得显著成果。尤其针对沿海海岸带监测，可采用基于IP的网络化测控技术，综合利用数据链、无线3G等多种通信技术，摆脱测控距离、障碍遮挡等对任务执行范围的限制，拓展覆盖区域，实现大范围海域连续监测。

另外在环境适应性方面，海域无人机减灾监测综合应用系统为有效保障技术能够实现，充分考虑系统应用环境恶劣（岛礁环境气候恶劣，潮湿、多雨雾，海水腐蚀性强，多台风、多风沙），在设备的可靠性、智能化、易用性、供电方式、传输方式等方面有着更高的要求。包括监控系统的硬件设备有很高的防水、抗风沙、抗腐蚀等能力；在海岛监控能力方面，由于需要监控的海面广阔，并且海上经常有雾，因此需要具有高变倍、透雾功能、高清、红外热成像、激光夜视、红外测距、实时远程监控管理功能的监控设备；在风险识别方面，由于海岛监视工作量大，仅靠人工观察难以及时发现目标去向，因此需要监控系统具备智能分析、自动跟踪、自动报警等功能，帮助侦察人员方便快捷地发现可疑目标。

5.2.3　针对灾情发生后海量数据访问和处理，满足灾情应对要求

为提高大数据量访问的时效性、降低文件操作的资源消耗，系统采用共享内存方式装载各处理模块需要多次访问的数据信息。共享内存区是把所有共享数据放在共享内存区域，任何想要访问该数据的进程都必须在本进程的地址空间新增一块内存区域，来映射存放共享数据的物理内存页面。共享内存是进行离线数据共享的最底层机制，因此使用共享内存可以以较小的开销获取较高的性能，是进行大数据量数据快速交换的最佳方案。共享内存就是由几个进程共享一段内存区域，可以说是最快的IPC形式，因为它无须任何的中间操作（例如，管道、消息队列等）。它只是把内存段直接映射到调用进程的地址空间中。这样的内存段可以是由一个进程创建的，然后其他的进程可以读写此内存段。上述技术方法可部

署多种数据共享内存映像，应用于防灾减灾气象卫星数据移动接收应用系统等有大量灾情数据输入需求的处理系统当中。

5.3　总体设计

5.3.1　中国—东盟—南亚防灾减灾综合监控与指挥调度系统

（1）概述

中国—东盟—南亚防灾减灾综合监控与指挥调度系统综合应用卫星、航空无人机遥感与通信等先进技术，建立了灾害监测与评估信息服务系统、无人机监测系统和应急通信网络，如图5-1所示。针对灾害预报、应急处置、灾害救援等灾害各个阶段，实现全天时、全天候、动态、高精度的灾害预报、监测、评估、与评估的信息管理与服务，具有"系统集成度高、空天地一体化、响应迅速灵活、信息上下贯通"的使用特点。

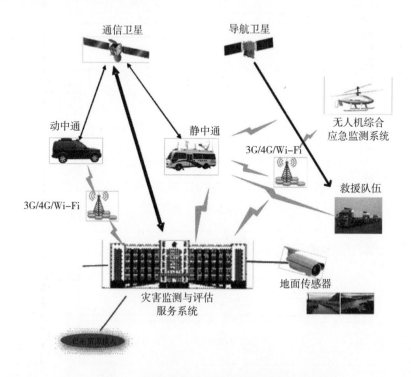

图5-1　防灾减灾综合监控与指挥调度系统示意

（2）灾害监测与评估信息服务系统

①组成。灾害监测与评估信息服务系统集成GIS技术、空间数据管理技术、电子地图技术、空间分析技术等关键技术，基于多源数据开展灾害监测、灾情预评估、灾情评估和灾情研判，并提供应急指挥调度服务。

多源数据包括中国卫星数据（GF系列、ZY系列、HJ系列、CBERS系列、FY系列等）、合作国自有及可接收遥感数据（THEOS-1、MTSAT、NOAA、MODIS、Radarsat-1/2、Quickbird、Geoeye、Rapideye、Worldview、SPOT等）、可购买商业卫星数据等；非遥感数据包括地面实测数据、监测数据及基础地理信息数据等。

灾害监测与评估信息服务系统组成如图5-2所示。

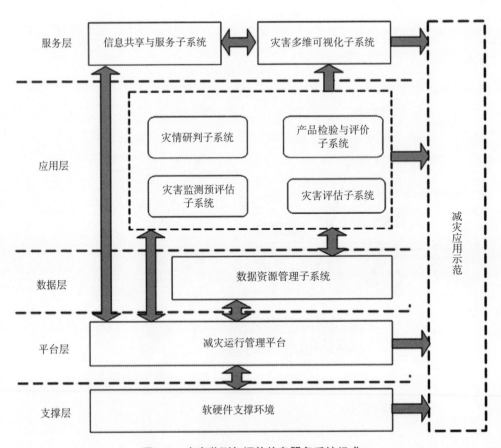

图5-2 灾害监测与评估信息服务系统组成

a. 灾害监测预评估分系统。灾害监测预评估分系统是减灾应用核心分系统之一，主要根据不同灾害时空分异规律，在实时高分辨率对地观测数据动态驱动机制下，以减灾运行管理平台和灾害多维可视化等为基础，开发功能完备、灵活易用的灾害监测、灾情预评估工具，建立适应于灾害管理的灾害系统模拟仿真模型，实现对灾害系统时空变化模拟和多维多尺度可视化，对不同灾害/灾害链场景进行模拟仿真，通过开展与灾害监测预评估相关的关键技术研究、算法和模型开发，具备满足以高分数据为主的主要自然灾害监测、灾情预评估能力，为灾情评估、灾情研判等提供输入，对于提高综合防灾减灾能力具有重要作用。

b. 灾情评估分系统。灾情评估分系统是一个以CS客户端为主的业务化作业系统，在灾害目标分类体系和目标特征库构建技术、高分灾害目标智能识别与变化检测信息提取技术、基于全极化SAR数据的灾害目标损毁信息提取技术等关键技术的支撑下，研发灾害目标特征数据库以及一系列灾害目标识别与信息提取的算法工具集，可根据减灾运行管理平台的任务指令信息，利用数据资源管理平台提供的数据信息，在人机交互的操作下，实现灾害范围的快速评估，房屋、道路、电力线塔、农作物等灾害目标的精确实物量评估，并结合地面调研的受灾数据，对地震、滑坡泥石流、洪涝、雪灾等灾种进行综合评估，从而辅助救灾决策以及灾后重建工作的开展。

c. 灾情研判分系统。灾情研判分系统通过支持异地协同的专家研判平台进行多用户任务分割、任务调度和冲突解决，利用计算方法对研判区域的受灾情况进行定量的综合评估；通过协同标绘与专家决策方法对研判区域的受灾程度进行定性的专家研判，实现多用户实时异步地图标绘、地图编辑和文件传输，无缝的交换、协调和同步研判意见，实现标绘信息交流和感知，使模型运行、数据调用和知识推理达到有机地统一，最终通过"看、标、判、评"一体化的多源数据一体化展示平台，实现研判和会商工作的交互和同步，为灾害应急决策与救援提供支撑。

d. 灾害多维可视化分系统。灾害多维可视化分系统基于基础地理数据及高分遥感数据，并结合各种灾害的孕灾环境、致灾因子、承灾体以及灾情数据向各级用户提供灾情信息可视化服务以及会商决策环境、数据智能管理、高级产品生成、灾害三维环境重构、不同层及用户产品定制等功能，为灾害应急、指挥、救助以及评估决策提供直观、高效的可视化服务支持。

e. 产品检验与评价分系统。减灾应用产品检验与评价分系统主要是综合地面站网、无线传感网、野外仪器测量、现场信息采集终端等技术，提供"天—地—现场"一体化的高分应用产品质量分析、误差控制方案及技术流程，完成移动终端灾害现场信息采集方案制订、实现移动终端管理和调度，完成减灾应用产品精度评价方案、技术流程、误差及不确定分析、检验结果综合评价与报告生成等工作。

f. 减灾运行管理平台。减灾运行管理平台基于云计算平台管理统一的计算资源、灵活可配置的调度策略和排产规则、严谨且具有时效性的空间权限控制，来实现计算资源和工作空间的统一调度管理。平台基于统一应用集成接口规范，实现现有的内部与外部各分系统的接口通信，同时支持将来多种产品和业务的统一应用集成。

g. 数据资源管理分系统。数据资源管理分系统为高分灾害监测与评估信息服务示范系统提供统一的数据组织、管理与服务平台，负责对高分卫星数据、航空遥感数据、灾害现场采集数据、统计上报数据及其他业务数据进行统一组织、标识、存储、管理及服务。分系统基于GeoSOT剖分网格数据组织模型进行数据组织，通过对时空数据属性进行智能化组织和动态聚合，实现数据的智能化管理及查询服务，满足减灾应用示范项目中其他分系统对各类减灾数据快速检索与访问的需求。

h. 信息共享与服务分系统。信息共享与服务分系统以门户平台为依托，将信息查询检索、产品展示与分发、产品订阅、用户需求汇集等功能以门户服务组件的形式进行集成展现，提供给用户可视化的交互操作界面，实现基于卫星遥感云服务的信息共享与服务。为国家级用户、示范省用户、现场用户以及社会公众提供及时的灾害综合信息、灾害数据资料、专家分析材料、预报预警信息等，有效应对灾害性事件，支持国家、地方和灾害现场的业务协同，为政府涉灾部门和社会公众提供防灾减灾信息服务，从而提高防御突发性灾害事件的能力和水平。

②功能。灾害监测与评估信息服务系统针对用户需求，集成GIS技术、空间数据管理技术、电子地图技术、空间分析技术等关键技术，开发三维GIS展示、数据采集传输、防风监测分析、防旱监测分析、基础信息管理、物资队伍调度、

防灾指挥管理、灾害评估、灾害区域短信自动发送、遥感动态监测等子系统。最后进行系统的功能集成、数据集成、界面集成以及平台集成工作，并建成指挥中心，实现防灾减灾指挥工作的全局化、实时化及可视化。

（3）无人机灾害监测应用

①组成见图5-3。无人机应急观测系统为适应东盟地区防灾减灾的需要，其主要部分（无人机平台、任务载荷和地面测控站）中设备的电子产品部分要进行特殊的三防处理，即"防霉菌、防潮湿、防盐雾"，以满足在气候潮湿地区应用可靠性的需要，具体每部分的组成包括：

图5-3　无人机应急观测系统示意图

无人机平台：无人机平台根据东南亚地区防灾减灾的应用需求，可以选择多重平台类型，包括小型固定翼、便携式多旋翼和小型无人直升机等，其中固定翼无人机用于对东南亚灾区的航空摄影测量等工作，用于快速出图供指挥部掌握灾情；便携式多旋翼无人机能够帮助救灾人员搜救，在受灾地区原地起飞，通过增加空中视角有利于地面人员及时发现被困群众并采取相应措施；无人直升机主要能够完成受灾地区的视频采集，并实时回传至地面站，让地面指挥人员掌握其救灾实时进展。

任务载荷：无人机应急观测系统的任务载荷为充分适应救灾监测的需要，包括可见光相机、可见光摄像机、红外相机、红外摄像机等，可实现受灾地区的任务目标的图像、视频的采集、被困人员搜救等工作，未来可根据用户的进一步需求，增加激光雷达、SAR等载荷，进行灾区地形地貌测绘，拓展无人机系统功能。

地面站：作为无人机应急观测系统的指挥中心，通过软硬件等设备的配合对无人机系统进行任务规划、控制无人机起降、实时监测系统的工作状态、发出系统的各种控制指令，并完成飞行过程中相关数据的存储，在无人机飞行作业完成后，对遥感图像、视频等数据进行后期处理，形成数据产品。具体的地面站种类包括便携式地面站和测控储运一体车两种类型，其中便携式地面站可以跟随救灾人员在救灾一线遥控多旋翼无人机并实时接收其航拍的灾区空中视频；测控储运一体车可实现搭载固定翼无人机或无人直升机，在接到任务后第一时间地面机动至事发地区，快速展开设备执行相关任务。

②功能。低空无人机技术为一项重要的获取空间数据的方法，具有持续航行时间长、机动灵活、成本低、可在高危地区进行探测等多项优点。以无人机为航空平台，采用可见光照相机、高清摄像机、红外摄像机等数据采集设备，集成卫星通信、地面中继、3G/4G等多种通信方式为一体的无人机综合应急监测系统，形成灾区遥感影像的快速获取、现场实时处理和输出。

基于固定翼无人机和旋翼型无人机的固有特点，目前世界上普通利用固定翼飞机实现大范围普查，利用旋翼无人机实现局部区域的详查。因此，无人机综合应急监测系统同时包括了灾区监测大范围普查子系统和灾区监测应急详查子系统。

灾区监测大范围普查子系统采用固定翼无人机，搭载可见光照相机或可见光摄像机，第一时间进入灾区，实时采集受灾地区航拍视频并回传至地面站，对受灾地区道路、桥梁和山体滑坡等执行航拍测绘、水资源监测、河道普查巡视、生态环境监测等应急减灾大范围监测任务，辅助地面救灾人员及时掌握受灾地区情况，评估受灾面积及损失情况。

灾区监测应急详查子系统采用旋翼无人机，搭载可见光照相机、可见光摄像机，利用自身可悬停特点对受灾严重地区进行详查巡视，对救灾进展进行快速监测、利用自身机动能力强的特点也可用于应急抢险，由运输车辆经由地面机动至受灾现场，然后在受灾区域附近起飞，进行空中凝视，回传受灾情况实时视频信息，辅助现场人员搜救。

此外，小型多旋翼无人机经改造成系留式"空中桅杆"，能够长时间在空中悬停，作为应急通信保障设备的搭载平台，提供灾区应急通信服务。

（4）应急通信网络

①组成。应急通信系统由应急通信主站、远端站（动中通、静中通和便携站，未来远端站类型和数量可根据实际需要进行调整）组成，其中主站设在各国首都，系统组成如图5-4所示。系统采用星网混合网络架构，主站为星网混合网络的中心节点，远端站包括具有网状网通信功能的节点和普通星状网节点。主站为整个网络的控制管理中心以及远端站节点间通信的数据交互中心，通过卫星网管系统对所有终端站进行管理。该系统能够以主站为中心组成星状网，远端站之间也可组成网状网络，实现单跳通信。卫星链路段基于DVB-RCS协议设计，与综合业务传输网络的接口设计为普遍使用的IP接口，方便实现地面网与卫星链路的无缝链接。

应急通信网络包含了动中通分系统、静中通分系统、便携站分系统。

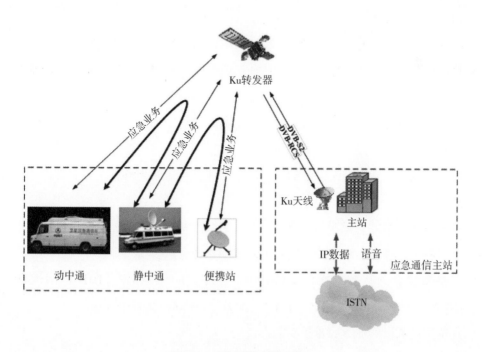

图5-4　应急通信系统示意

②功能。为了更好地应对突发其来的自然灾害，有效解决地面通信设施在灾害期间中断而导致救援信息上传下达不通畅的难题，建设基于卫星通信的应急通信网络已经成为世界各国减灾能力建设中的不可或缺的内容。

应急通信系统可为政府及企业提供语音、视频、数据等服务。系统采用DVB-S2/DVB-RCS协议，能够以主站为中心组成星状网，也可组成网状网络，实现单跳通信。通过应急通信网络，可以将现场的影像及音频信息通过卫星通信网络传送至指挥中心，与指挥中心的数据采集传输子系统、物资队伍调度管理子系统、防灾指挥管理子系统、灾害评估子系统互联，可实现灾情、决策、指挥等各类信息的发送与管理，以及救援物资调运、救援人员调配信息的统一管理，大幅提升灾害应急救援及时信息高效处理、互联互通与指令信息的快速传达。

a. 应急通信主站。主站是应急通信系统的关键所在，既是系统的业务中心也是控制中心。主站需与本地业务运营系统（如PSTN，Internet等）连接，作为业务中心。在主站内还需要网络控制中心，负责对全网进行监测、管理、控制和维护。

其具体功能要求如下：

- 在紧急情况下，可为政府及企业提供基于卫星的应急通信服务，如语音、视频、数据等服务
- 能够以主站为中心组成星状网，也可组成网状网络，实现单跳通信
- 具备系统参数配置功能，包括IP地址、信令端口、网关、出入境频率计速率、自动记录连接等
- 具备信道资源管理功能，包括对卫星带宽进行规划和分级、带宽配置和组合应用及动态分配，以及鉴权等功能
- 具备包括主站和远端站设备的监控能力，能够将运营类信息，如流量统计等信息上报
- 具备对远端站的管理能力，包括远端站参数配置、站点增加、删除以及工作状态的监测、控制、报警等，同时可对远端站业务进行QoS管理
- 支持单播、组播和广播，支持TCP、UDP、RIP、ARP、DHCP、ICMP、IGMP、Telnet、PPP、FTP、HTTP、SMTP、SNMP等多种IP协议
- 具备用户数量、业务容量扩展能力
- 配备无线图像传输设备，将远端站周边区域信息进行采集，通过卫星传输至主

站或另一远端站。

b. 动中通。动中通分系统采用星状网拓扑结构，端站与主站进行单跳通信，并可以经过位于主站的地面交换路由设备实现与静中通和便携站的数据交互。实现应急通信系统内双向交互式业务的传输，如宽带接入、视频会议、VoIP电话等业务。

动中通分系统是依托机动性、通过性、可靠性高的越野车建设的可移动状态下的应急通信系统。该系统能够实现突发应急状态下的通信、数据采集、传输、现场办公等应急通信保障功能，如下所述。

- 在移动状态能够提供高速数据服务
- 通过动中通天线能够快速地建立卫星链路，实现视频、语音、图像和数据的传输和接收
- 动中通具备现场多种信息采集能力，可实现现场图像、视频、音频、地理位置信息等多种信息采集，为现场应急指挥决策提供依据
- 具备良好的机动能力，并具备自供电能力
- 配置加解密机，支持网内数据加密传输

动中通由5个子系统组成见图5-5，天线子系统、卫星通信子系统、数据传输子系统、供配电子系统和车载结构子系统，所有的设备均装载于车辆上。

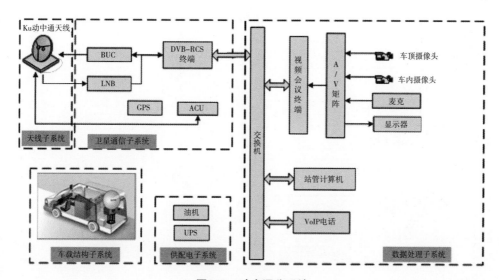

图5-5　动中通分系统

c. 静中通。静中通分系统采用星网混合的拓扑结构，端站与主站进行单跳通信，并可以经过主站与其他星网混合端站进行双跳通信，同时也支持在星状网下与其他星网混合端站进行单跳通信。此外，也可以经过位于主站的地面交换路由设备实现与动中通的数据交互，实现应急通信系统内双向交互式业务的传输，如宽带接入、视频会议、VoIP电话等业务。

静中通分系统是依托机动性、通过性、可靠性高的厢式车建设的应急通信系统。在汽车到达现场后，能够快速展开、快速开通静中通天线，保证卫星通信天线精确对准卫星。该系统能够实现突发应急状态下的通信、数据采集、传输、现场办公等应急通信保障功能，如下所述：

- 具备良好的机动能力，并具备自供电能力
- 通过静中通天线能够快速地建立卫星链路，实现视频、语音、图像和数据的传输和接收
- 具备现场多种信息采集能力，可实现现场图像、视频、音频、地理位置信息等多种信息采集，为现场应急指挥决策提供依据
- 静中通能够提供小型会议室，具备高质量的音、视频环境，并支持远程视频会议
- 配置加解密机，支持网内数据加密传输

静中通由5个子系统组成见图5-6，天线子系统、卫星通信子系统、数据传输

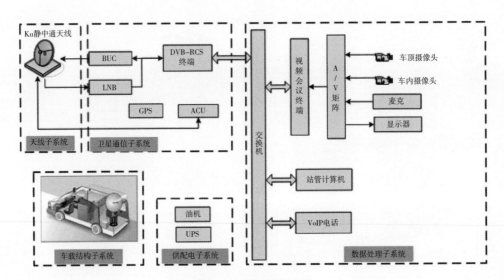

图5-6　静中通分系统

子系统、供配电子系统和车载结构子系统，所有的设备均装载于车辆上。

d. 便携站。便携站分系统采用星网混合的拓扑结构，端站与主站进行单跳通信，并可以经过主站与其他星网混合端站进行双跳通信，同时也支持在星状网下与其他星网混合端站进行单跳通信。此外，也可以经过位于主站的地面交换路由设备实现与动中通的数据交互。实现应急通信系统内双向交互式业务的传输，如宽带接入、视频会议、VoIP电话等业务。

便携站分系统是可携带、可快速搭建的应急通信系统。该系统能够实现突发应急状态下的通信、数据采集、传输、现场办公等应急通信保障功能，如下所述：

- 通过便携站天线能够快速地建立卫星链路，实现视频、语音、图像和数据的传输和接收

- 具备现场多种信息采集能力，可实现现场图像、视频、音频、地理位置信息等多种信息采集，为现场应急指挥决策提供依据

- 可利用卫星通信传输网络，建立和主站或其他端站间的视频会议

- 配置加解密机，支持网内数据加密传输

- 便携站由5个子系统组成，天线子系统、卫星通信子系统、数据传输子系统、供电子系统和装载结构子系统（图5-7）。

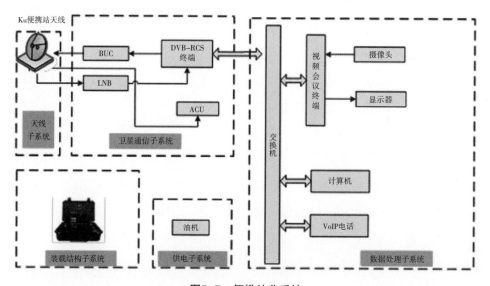

图5-7 便携站分系统

（5）运行方案

东盟地区建议选择泰国、老挝、印尼合作，通过多边合作建设防灾减灾综合监控与应急指挥调度系统。鉴于泰国和印尼都有较好的遥感基础，系统建设内容建议除无人机应急监测系统和应急通信系统以外，考虑在两国现有遥感数据和系统的基础上，重点针对干旱、洪涝、台风开展防灾减灾遥感专题应用，形成覆盖整个东盟地区的防灾减灾遥感专题应用服务能力，充分考虑利用老挝拥有自主通信卫星资源，以及老挝近期正在筹建国家防灾减灾应急指挥中心的契机，与老挝合作建设指挥中心。

在东盟监控与应急指挥调度系统有效利用的基础上，针对南亚地区的灾情特点，在巴基斯坦建立一套灾情预测、风险评估、预警系统等综合一体的监控与指挥调度系统，形成一套有效的防灾减灾应用体系和灾后及时响应并有效救灾的应对措施。该系统采用支撑层、平台层、数据层、应用层和服务层等构成的多层体系结构，由灾害监测预评估、灾情评估、灾情研判、应急指挥调度等关键减灾业务功能组成，具备针对巴基斯坦等南亚重点灾区开展灾害监测、预评估、评估和研判等业务工作的能力。

5.3.2　中国—东盟海域无人机减灾监测综合应用系统

（1）概述

中国—东盟海域无人机减灾监测综合应用系统通过使用多种类型数据采集设备，能有效满足台风灾后监测、海上钻井平台安全生产监测和地质灾害监测以及应急救灾响应等需求，形成灾情航空高分辨率遥感影像的快速获取、现场实时处理等无人机综合应急监测与减灾能力。

（2）无人机监测系统

①组成见图5-8。中国—东盟海域无人机减灾监测综合应用系统以小型固定翼、无人直升机为航空平台，通过搭载可见光照相机、高清摄像机和红外摄像机等多种类型数据采集设备，能有效满足台风洪涝、山洪泥石流等地质灾害监测、海上钻井平台安全生产监测和应急救灾响应评估需求，形成灾情航空高分辨率遥感影像的快速获取、现场实时处理等无人机综合应急监测与减灾能力。

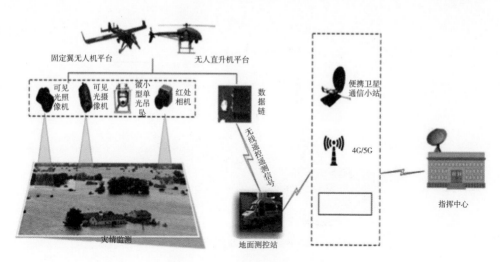

图5-8　无人机应急监测系统示意

中国—东盟海域无人机减灾监测综合应用系统主要包括灾区监测大范围普查和灾区监测应急详查两大功能。其中，灾区监测大范围普查采用固定翼无人机作为平台，搭载可见光照相机或可见光摄像机，第一时间进入灾区，实时采集受灾地区航拍视频并回传至地面站，对受灾地区道路、桥梁和山体滑坡等执行航拍测绘、水资源监测、河道普查巡视、生态环境监测等应急减灾大范围监测任务，辅助地面救灾人员及时掌握受灾地区情况，评估受灾面积及损失情况；灾区监测应急详查采用无人直升机搭载可见光照相机、可见光摄像机，利用自身可悬停特点对受灾严重地区进行详查巡视，对救灾进展进行快速监测、利用自身机动能力强的特点也可用于应急抢险，由运输车辆经由地面机动至受灾现场，然后在受灾区域附近起飞，进行空中凝视，回传受灾情况实时视频信息，辅助现场人员搜救。

中国—东盟海域无人机减灾监测综合应用系统由三部分组成见图5-9，分别是，无人机基地子系统、无人机航拍数据处理子系统和三维处理与展示子系统。

其中，无人机基地子系统包括部署各类型无人机系统，完成海域地区不同类型的台风过境减灾、海上钻井平台安全生产监控和灾后评估任务；无人机航拍数据处理子系统完成对无人机采集数据的处理与数据产品的生产等；而三维处理与展示子系统则主要进行无人机海域综合减灾监测数据成果的综合展示与应用。

图5-9　中国—东盟海域无人机减灾监测综合应用系统示意

中国—东盟海域无人机减灾监测综合应用系统计划建设无人机基地，由海域无人机减灾综合监控与指挥平台进行统一管理和调度。根据距离无人机基地的距离远近不同，将无人机海岛监控对象划分为三类区域。

根据设计要求，在无人机基地部署超近程固定翼无人机系统、近程固定翼无人机系统和长航时中程无人机系统。

部署超近程固定翼无人机系统，主要巡查A类区域，包括海域附近的重点岛礁，实时回传高清监控视频。

部署近程固定翼无人机系统主要针对B类区域，完成岛礁的常规监控。

部署小型长航时中程固定翼无人机，应用于C类区域监控，对重点岛礁进行常态化防灾减灾监测，保障岛上居民和基础设施安全。由于距离无人机基地的距离超过100千米，因此考虑部署长航时中程固定翼无人机，并且布设测控数据链地面终端，负责无人机航拍视频的接收与遥控信息的转发。数据链地面终端接收的航拍视频通过晋有的VSAT小站，实时回传至指挥中心；无人机监测的范围可覆盖距离超过100千米的重要岛礁，并可扩展海岛减灾监测需求。

②功能。中国—东盟海域无人机减灾监测综合应用系统能够通过部署多类型无人机系统，对海域地区重要海岛、重点投资工程、海上钻井平台等监控对象受灾情况进行综合监控和评估，具体功能包括：

a.应急响应功能。在发生超级台风过境、海上钻井平台发生爆炸等重大自然灾害和安全生产事故的情况下，无人机基地子系统通过部署超近程、近程和中程固定翼无人机平台以及多旋翼无人机平台，对管辖岛礁进行巡查和应急监测，实现群岛区域内全部海岛及其周边海域活动监控全覆盖，并发现灾害后在第一时间派出无人机系统迅速出动完成应急监测和指挥调度任务，获取受灾现场最新视频资料，并通过对受灾地区全景影像与灾前进行对比，准确确定受灾严重地区，科学指导救援力量赶赴救灾。

b. 灾后评估功能。在受灾现场和指挥部第二现场，无人机系统采集的航拍数据能够通过无人机航拍数据处理子系统得到快速拼接和视频实时拼接，为现场指挥提供第一手数据支撑。此外，后期还可通过无人机航拍4D产品生产、重点目标三维建模等方式，实现受灾目标灾前灾害三维影像对比和受灾情况评估，为灾后调查、评估和减少损失等提供基础数据信息。

c. 仿真预警功能。通过结合GIS的空间分析功能，三维处理与展示子系统利用历史的台风及风暴潮数据，模拟对目标区域的淹没、损害情况，指导海岸线及海岛开发建设，制订防灾减灾预案。同时还能实现大量海岛监测数据经三维处理和快速加载，即可恢复出庞大的海洋海岛立体景观见图5-10、图5-11，无须专业知识就可实现数据的浏览、阅读和使用，并提供可视化的三维浏览操作、图层控制、地名查询、热点定位、动态监测等功能，为海域防灾减灾决策分析提供服务。

图5-10　海岛三维重建

图5-11　海岸线无人机倾斜摄影三维建模

（3）应急通信

①组成见图5-12。利用无人机搭载中继设备搭建空中临时通信组网，保障设备故障或恶劣天气情况下船舶、语音通话设备等数据终端能够实时通信。

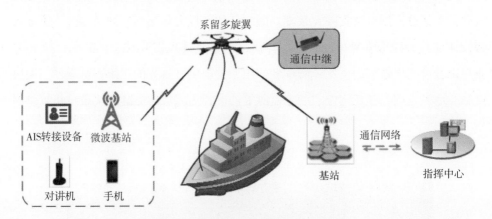

图5-12　无人机应急通信组网示意图

在灾害发生后，当地的通信基础设施往往是首先受到损害的，而灾区无法通信将严重影响救援进度，而受灾后海上渔民和渔船的通信曾更难于保障。在这样的条件下，为在海上构建应急通信网，本系统通过海上执法船上装备无人机中继通信系统，搭载无人机的保障救援船舶到达指定任务地点后，选择一处视野开阔、气象条件稳定的位置将搭载通信转接设备的系留多旋翼无人机放飞，建立海上应急通信网络，实现灾后海上目标实时通信。同时，地面控制人员根据现场情况实时调整无人机位置，确保现场与后方之间的长时间、实时通信。

无人机应急通信子系统由系留多旋翼无人机及中继通信设备两部分组成。系留多旋翼无人机配备用于救援船舶和海上执法，提供空中平台，实现全天候不间断空中悬停；中继通信设备用于实现微波、短波、3G通信的中继转发。

a. 系留多旋翼无人机。系留型多旋翼无人机系统是在多旋翼无人机平台上搭载专用的系留电源模组，使无人机平台摆脱电池容量对飞行器续航时间的限制，实现长时间空中悬停。

● 系统组成

系留四旋翼无人机系统的系留电源模组包括地面供电站、轻型光电综合系缆和机载电源模块见图5-13。地面供电站中设计了升压电路，将外部提供的220V交流电变换为360V的高压直流电，经滤波后输入到轻型光电综合系缆的电源导线。地面供电站提供断电报警和供电状态显示功能，操作人员可以随时掌握供电状态。

图5-13　系留型四旋翼无人机系统

系留型四旋翼无人机目前主要应用于长时间不间断的空中监控和应急通信，可搭载特制应急通信中继设备。受无人机最大起飞重量和光电综合系缆重量的限制，系留型四旋翼无人机系统的悬停高度与任务载荷最大重量成反比，悬停高度越高，所能搭载的任务载荷重量越小，具体对应关系如表5-1。

表5-1　系留型四旋翼无人机系统任务载荷

螺旋桨类型	普通两叶桨				三叶载重桨			
飞行高度（m）	100	80	50	30	100	80	50	30
有效载荷（g）	300	500	1000	1250	900	1150	1550	1800

- 主要技术指标

  地面供电站输入电压：AC110~220V/50Hz

  地面供电站输入电流：10A

  地面供电站输出电压：DC360V

  地面供电站输出电流：3~6A

  机载电源模块空载输出电压：DC25.1V（±0.2V）

  机载电源模块输出电流：≥40A

  工作温度：−20~40℃

  环境风力：≤8m/s

  系统输出功率：≥1000W

  线缆长度：≤100m

  线缆抗拉力：30N

  光纤带宽：10Gbit/s

  机载电源重量：≤1.0kg

  b. 中继通信设备。无人机平台可搭载多种中继通信设备，包括：

- 微波通信中继

  AIS船舶识别设备：搭载AIS船舶识别转接设备，确保在海岛AIS接收装置故障或损毁等应急情况下，保障AIS系统的正常运行，实现船舶信息识别与定位。

- 海岛微波中继

  接收并转发微波通信信号，确保在微波通信故障或损毁等应急情况下，保障岛礁地面监视监测设备采集的现场图像、视频数据的实时传输。

- 3G通信中继

  在3G信号全覆盖（或大部分）区域，接收并转发移动3G通信信号，为救援现场提供手机通信保障，同时将无人机采集的现场数据实时传输至后方指挥中心，为后方提供更多现场信息以辅助决策。

- 短波通信中继

  接收并转发对讲机、单兵设备等的通信信号，保障灾害现场与现场指挥中心音频、视频信息的实时传输，便于前后方及时沟通救灾现场情况及扑救计划。

  ②功能。海域无人机减灾应急通信分系统具备以下功能，通过无人机搭载通

信中继设备，形成无人机应急通信系统，确保在AIS、地面微波网络等通信故障或损毁等应急情况下，实现船舶信息识别、岛礁渔民和过往船只的实时通信。

（4）运行方案

海域无人机减灾监测综合应用系统的建设和运维以提升中国—东盟海洋海岛海域防灾减灾能力为主线，努力提升海域台风灾后监测、海上钻井平台安全生产监测和地质灾害监测以及应急救灾响应等综合能力。

通过部署多类型无人机系统，初步建成海域无人机减灾监测综合应用系统，实现重点岛礁海域全覆盖监测，特别是对重点海岛台风灾后评估、重要海上钻井平台安全生产监测和山洪泥石流地质灾害等重点防灾减灾方向予以重点支撑，形成天空地海一体化海域防灾减灾综合监控与指挥调度体系。

在此基础上，进行扩展应用，优化体系综合效能，实现面向岛礁、海域的防灾减灾综合监控和指挥调度能力；进一步丰富防灾减灾的监测手段和信息传输方式；强化多源数据智能处理能力，进一步提升无人机防灾减灾系统监测技术手段和智能化水平。

5.3.3　中国—独联体无人机森林防火监测系统

（1）概述

中国—独联体边境有大片地区被森林覆盖，长期以来森林防火是两国面临的共同问题。为此，中国与俄罗斯虽然都作了很多努力但是目前还尚缺乏充分的信息共享机制和联防系统。中国—独联体无人机防灾减灾系统致力于构建空地一体化森林监测防火体系，集高新技术于一体，实现快速及时处置突发森林火灾、重大火场侦察和快速灭火等应用，有效保护森林资源，维护生态安全，实现两国经济社会可持续发展。随着中俄无人机森林防火监测系统在俄罗斯成功应用，其成熟体系和合作模式还可向周边塔吉克斯坦、乌兹别克斯坦等邻国推广。

（2）组成

中国—独联体无人机森林防火监测系统由指挥中心系统、林业防灾减灾监测系统、数据通信系统、地面应急反应系统及后勤保障系统五部分组成。系统架构如图5-14所示。

中国—独联体无人机森林防火监测系统由指挥中心分系统、无人机遥感监

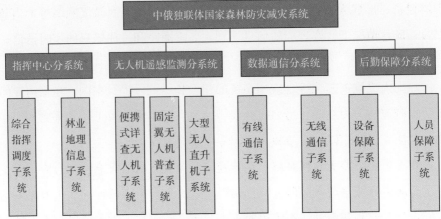

图5-14　中国—独联体无人机森林防火监测系统架构

测分系统、数据通信分系统和后勤保障分系统组成。

①指挥中心分系统。实现林业防灾减灾体系的指挥、调度、数据处理和设备、人员、物资管理。

②无人机遥感监测分系统。综合采用多任务类型无人机系统进行林区遥感立体监测。

③数据通信分系统。综合采用林业专网、公网、卫星通信、3G通信、微波网等手段实现林区通信的畅通。

④后勤保障系统。为林业防灾减灾体系提供物资、人员、培训以及工作制度保障。

其中，无人机遥感监测分系统采用多旋翼无人机系统作为便携式详查应用，选择固定翼无人机作为快速大面积林区普查应用，选择大型无人直升机系统作为大范围普查加详查应用。现具体介绍如下。

a.多旋翼无人机平台（图5-15）。多旋翼无人机平台的功能包括：

• 巡航飞行：无人机可由地面站人员遥控飞行，也可根据预设GPS坐标，沿航线自主飞行。无人机自主飞行的过程中，地面站人员可实时调整飞行路线；

图5-15　多旋翼无人机平台

- 定点悬停：可定点悬停、对目标精确监测；
- 自主起降：具备无须人工干预的自主起降功能；
- GPS实时定位：可根据无人机GPS信息通过数据链实时回传到地面站，确保实时掌握无人机飞行情况；
- 飞行安全：具有无控制信号自主归航并着陆，当姿态异常时具备自动回收等失控保护功能。

图5-16　固定翼无人机平台

　　b. 固定翼无人机平台（图5-16）。固定翼无人机平台的功能包括：

- 巡航飞行：无人机可由地面站人员遥控飞行，也可根据预设GPS坐标，沿航线自主飞行。无人机自主飞行的过程中，地面站人员可实时调整飞行路线；
- GPS实时定位：可根据无人机GPS信息通过数据链实时回传到地面站，确保实时掌握无人机飞行情况；
- 飞行安全：具有无控制信号自主归航并着陆，当姿态异常时具备自动回收等失控保护功能。

图5-17　大型无人直升机平台

c.大型无人直升机平台（图5-17）。大型无人直升机平台的功能包括：

- 巡航飞行：无人机可由地面站人员遥控飞行，也可根据预设GPS坐标，沿航线自主飞行。无人机自主飞行的过程中，地面站人员可实时调整飞行路线；
- 定点悬停：可定点悬停、对目标精确监测；
- 自主起降：具备无须人工干预的自主起降功能；
- GPS实时定位：可根据无人机GPS信息通过数据链实时回传到地面站，确保实时掌握无人机飞行情况；
- 北斗实时定位：无人机具备北斗模块，当数据链中断时，可通过北斗导航卫星，确保地面人员实时了解无人机位置、高度、速度；
- 飞行安全：具有无控制信号自主归航并着陆，当姿态异常时具备自动回收等失控保护功能。

（3）功能

①林业防火预警监测功能。林业防火预警监测功能包括：

- 能够根据上级指挥机关命令执行森林防火预警监测任务，对林区进行可见光及红外谱段遥感监测；
- 系统应具备一定的机动能力，必要时可对重点区域增强监测力度；
- 能够对过火区进行遥感监测，评估火灾损失；
- 能够根据森林防火预警监测需求、气象预报等信息规划无人机系统监测计划，确定无人机航迹及任务载荷工作计划；
- 能够自动识别林区内的着火点，并对其进行精确定位；

- 能够在林区数字地图上显示火情位置、面积信息；
- 能够生成森林火险预警信息并上报给指挥机关；
- 具有无人机（含机载设备）、任务载荷等遥控信息的实时产生、发送及遥测信息接收功能；
- 能够在无人机飞行过程中动态调整航迹规划，监测新的目标区域；
- 具有较强的抗多径和复杂地形环境下的适应能力；
- 具有对无人机跟踪定位能力；
- 具有任务载荷图像的处理、显示、记录功能。

　　②火场监控功能。

- 能够在林区森林防火期内根据上级指挥机关命令执行森林火场监控任务，对火灾现场进行可见光及红外谱段遥感监控；
- 系统应具备一定的机动能力，必要时可随灭火指挥部移动至火场前沿阵地执行火场监控任务；
- 能够根据火场位置、灭火计划、气象预报等信息规划无人机系统火场监控计划，确定无人机航迹及任务载荷工作计划；
- 能够对火灾现场进行实时监控，传回现场视频以辅助指挥决策；
- 能够识别火场区域，并对其进行定位；
- 能够计算火场范围，并在林区数字地图上显示；
- 能够根据火场现状及气象信息，自动判断火场蔓延趋势；
- 能够生成森林火场监控报告并上报给灭火指挥部；
- 具有无人机（含机载设备）、任务载荷等遥控信息的实时产生、发送及遥测信息接收功能；
- 能够在无人机飞行过程中调整航迹规划，对火场形成动态监控能力；
- 能够适应火场周边形成的复杂气流等恶劣工作环境；
- 具有对无人机跟踪定位能力；
- 具有任务载荷图像的处理、显示、记录功能。

　　③林区数字化管理功能。针对当前中俄独联体国家林业防灾减灾信息化现状，根据林业数据管理分析、指挥调度的需求，实现林区数字化管理功能，具体包括：

- 数据存储与管理

建立运转协调、安全可靠的林区地理信息数据平台,实现林区地理信息数据的集中存储、快速查询和分发等管理,为数据大集中模式下的应用提供基础支撑。

- 林区监测与服务

建立林区监测、林区管理、社会服务三位一体,林场、县林业局、市林业局三级应用联动的林业业务综合监管与服务平台,形成以信息化为支撑的林区网络交互监管体系,实现森林资源调查、营造林、林区资源开发利用、林业灾害的前期有效规划或预警、实时监管和事后监察,实现林业信息的社会公共服务,促进林区的常态化、制度化、智能化监管与社会服务。

- 任务指挥与调度

建立基于GIS平台的指挥调度系统,整合无人机遥感系统、卫星通信系统、卫星导航定位系统的多源信息,并兼容多基准电子地图进行"一张图"快速可视化处理,将灾情信息、人员位置、物资分布实时标注和地图叠加显示,快速提供林火扑救路线图和林火扑救实况图,为紧急灾害消灾任务部署和任务指挥调度提供有效信息辅助决策,可提高防灾救灾的响应速度,合理部署救灾方案,提高救灾成效。

（4）运行方案

中国—独联体无人机森林防火监测系统的运行方案主要包括以下几个主要步骤。

i. 前期进行双方林业管理部门沟通,进行系统设计和方案论证,包括方案的可行性研究、飞机选型和经费预算等内容,然后分步实施。

ii. 首先在中俄两国交界的森林火灾频发的地区共同建设森林防火监测系统应用示范,形成成熟、可复制的成功经验。

iii. 然后,根据独联体国家具体的森林防火实际需求,和与我国之间的相关协定,向这些国家复制森林防火系统,建成面向独联体国家的无人机森林防火监测体系。

5.3.4 中非防灾减灾气象地面接收应用系统

（1）概述

中非防灾减灾气象地面接收应用系统针对中非国家如埃及、苏丹、阿尔及利亚、莫桑比克等国发生的重大自然灾害，利用中国在非洲莫桑比克正在实施的覆盖埃塞俄比亚、乌干达、摩洛哥、科特迪瓦、肯尼亚等国家的生态环境监测遥感数据地面接收分析站建设，以及遥感影像包括陆地卫星、气象卫星以及具有全天候观测能力和应急反应能力的机载合成孔径雷达遥感等多源遥感影像，基于相关灾情信息在各种遥感影像上的表现特征，研究灾情信息快速提取技术，建立遥感灾情系统从而定位灾情的变化和预测灾情的发展趋势，为灾情的及时防治和采取措施提供有力依据。结合非洲热点灾害地区的灾情种类的灾情频发程度，对应部署多台套的防灾减灾遥感气象移动站。

（2）组成

中非防灾减灾气象地面接收应用系统以遥感气象移动站为主体，采用模块化设计，整个系统可部署具有高集成和高机动性特点，单组气象移动站可由1辆天线车、1辆方舱车和1辆电站拖车组成。

移动气象站由3个分系统组成，天线接收分系统、数据处理分系统、运行保障分系统。气象站由天线车、方舱车和电站组成，系统采用3.3米X/L双频段天线，跟踪FY-3A/B/C、NOAA18、Terra和AQUA卫星，接收解调卫星数据，实时记录卫星数据并快视显示，自动生成，实现0-2级产品生产。系统组成如图5-18所示。

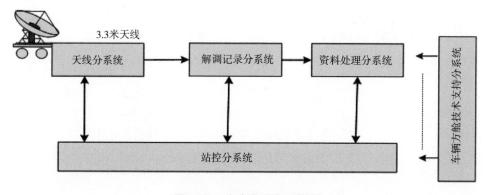

图5-18 移动站系统组成框

天线接收分系统：天线采用口径3.3米，X/L双频馈源，L频段采用程序跟踪，X频段采用程序跟踪和步进跟踪相结合的方式。X/L频段馈源输出的信号，经过LNA和下变频器实现信号的放大、变频、分路输出720MHz中频信号。ACU通过天线驱动单元驱动天线跟踪卫星。720MHz中频信号送给解调器，经解调译码后将原始数据记录，通过解包并进行快视显示。

数据处理分系统：获取经过解包后数据，对数据进行质量检验，预处理后生成1级数据，对1级数据进行综合处理生成2级业务产品，并将存储产品数据，并支持专题产品应用。

运行保障分系统：负责车辆方舱、供配电、电缆网、测试仪器和内饰布局为整个移动站提供技术支持保障。

站控分系统：通过手动输入卫星轨道参数（两行或瞬根），制订卫星接收处理计划，并下发给各分系统，监控各分系统工作，实现站内设备的实时监视、控制和状态记录。

系统组成框图见图5-19所示。

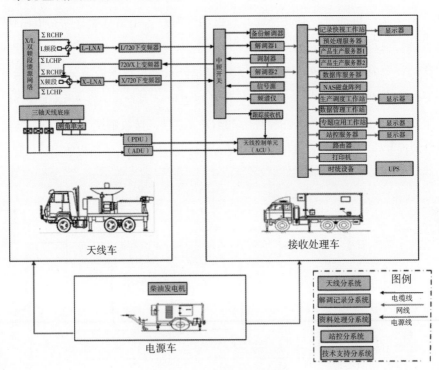

图5-19　移动站系统设备组成

①天线接收分系统

a. 天线跟踪子系统。天线跟踪子系统主要包括天馈子系统、机械结构子系统、天线控制子系统、天线标校设备、天线辅助设备等。其组成原理如图5-20所示。

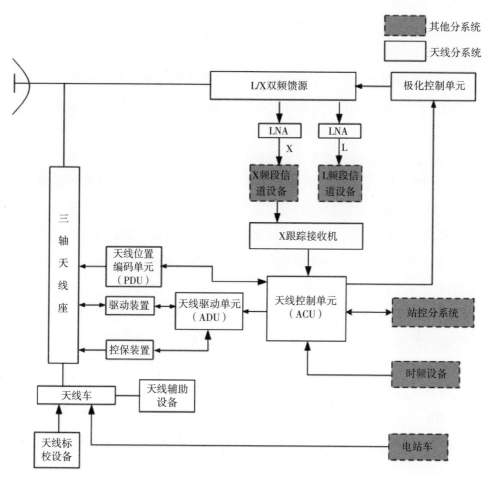

图5-20 天线跟踪子系统组成框

天馈子系统主要包括天线反射面、馈源网络、圆极化器、测试耦合器、极化控制开关、馈源支撑及连接馈线等装置。

机械结构子系统主要包括3.3米天线结构、三轴天线座、天线运输车和机箱机柜。天线座分为方位组合、俯仰组合、倾斜轴组合三大部分。

天线控制子系统主要由天线控制单元（ACU）、天线位置编码单元（PDU）、天线驱动单元（ADU）、极化控制单元、驱动装置、天线控保装置等构成。

天线标校设备主要包括标校杆、标校喇叭、水平仪等。

附属设备包括天线底盘车、避雷针、天线车调平机构、电缆转接箱等。

b. 接收解调子系统。接收解调子系统，包括L频段数传信道、X频段数传/跟踪信道和测试信道。

L频段数传信道主要用于接收卫星过境时发送的L频段射频信号，经过放大、变频处理，再经解调译码后将原始数据送给记录快视子系统，信道中预留测试接口，方便系统测试。

X频段数传/跟踪信道主要用于接收卫星过境时发送的X频段射频信号，经过放大、变频处理，再经解调译码后将数据送给记录快视子系统，并配合跟踪接收机完成对X频段信号的步进跟踪。

X频段测试信道用于系统的射频闭环自检，调制器可发射测试信号，经放大、变频处理后，由测试耦合器注入至天线跟踪子系统进行自检测试。

接收子系统的功能包括：

- 对X/L频段数据信号进行变频、放大和解调
- 采用一级下变频方案将X/L频段射频信号变为720MHz中频信号
- 提供X测试通路，将720MHz测试信号变换到X频段信号，实现射频闭环自检
- 具有BPSK、QPSK、O/SQPSK和UQPSK解调方式
- 具有RS、卷积和RS与卷积级联译码功能

接收解调子系统由L频段数传信道、X频段数传/跟踪信道和X频段测试信道组成，如图5-21所示。

L频段信道由L/720MHz数据下变频器、解调器等组成。L频段信号通过下变频变换为720MHz中频信号，最后经解调器解调译码后通过网络交换机传送记录快视子系统。

X频段数传/跟踪信道由X/720下变频器、解调器组成和跟踪接收机组成。X频段下变频器通过一次变频和分路，输出两路720MHz中频信号，其中1路送解调器，另外1路送跟踪接收机。

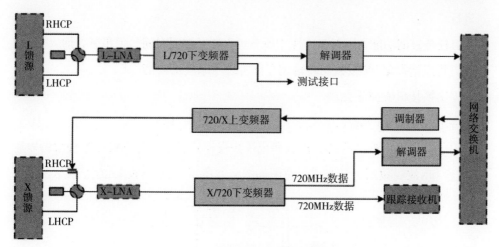

图5-21　接收解调子系统组成框

X频段测试信道由720/X上变频器、调制器组成。720MHz中频通过上变频器变频到X频段，注入耦合器中，进行系统射频闭环自检。

c. 记录快视子系统。记录快视子系统由两台工控机组成，分别接收处理解调以后的L波段和X波段数据。通过千兆网交换机接收数据接收解调子系统传输来的数据，针对气象卫星码速率均比较低的情况，记录快视子系统功能全部采用软件实现。

在保证系统功能实现的情况下采用软件设计具有灵活、方便的特点，软件设计周期短，可扩展性强，可以充分满足未来卫星数据处理扩展兼容的需求。

- 实时记录解调器输出的卫星原始数据，能够无误码地回放记录在本地和存储管理子系统的原始数据流

- 根据卫星下传数据格式，对原始数据进行帧格式提取，可在线统计丢包率，具有丢帧计数（根据数传帧格式中的帧计数进行统计）或丢包计数统计能力；
  ［丢包率=（丢包+错误包）/应接收总包数］

- 对采用CCSDS格式的数据实时进行CCSDS解包处理，对采用非CCSDS格式的数据按其固有数据帧格式实时解包

- 在记录原始数据的同时，记录0级数据，实时快视显示

- 具有监控功能，能够接收运行控制子系统下达的接收计划以及状态查询命令，任务作业可由时间、手动触发，能进行计划冲突检测，保证实时记录作业可靠

进行

- 具有任务查询功能，可对日志库中所有历史任务按照时间、卫星名查询
- 具有将原始数据和0级数据传输到存储管理子系统的功能
- 数据交换接口支持千兆网
- 对各个卫星的不同载荷以不同的文件夹形式进行存储

记录快视子系统由两台工控机和记录快视软件组成，分别接收处理解调以后的L波段和X波段数据，其组成示意图如图5-22所示，其软件单元组成见表5-2。

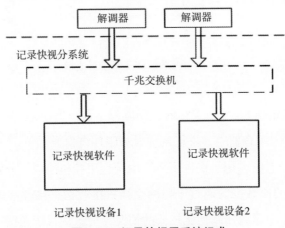

图5-22　记录快视子系统组成

表5-2　记录快视软件单元组成

名称	功能描述
主控单元	控制软件主进程的启动执行
主界面	程序框架界面，提供菜单集成各软件功能
任务执行控制	对快视任务进行控制，调度各部件执行任务
信息管理调度	对输入和输出的各种信息进行调度
显示管理	管理软件的用户交换界面，操作员可以通过界面控制软件运行，并显示软件的工作和运行状态，提供快捷友好的用户操作界面
快视控制	该子功能分为实时任务状态和数据回放状态，根据指令要求对图像数据快视部件下达工作参数，调用其快视显示功能对传感器数据进行图像、曲线和表格方式的显示，并可以根据需要对不同的快视数据的显示进行实时的切换
通信服务	实现对外部接口的数据通信工作，通过网络方式完成与运行控制子系统的通讯
存储管理	可以进行对接收到的各类数据及日志等信息的管理、记录、存储，能够对本地保存的数据文件和日志信息进行按照日期查询、删除和清空等操作，并对存储的文件、完成一周的数据存储量的存储管理，按照一定逻辑进行滚动删除

续表

名称	功能描述
源包数据处理	接收数据摄入与分包功能发送的载荷源包数据，根据载荷类型发送到相应的显示功能模块
科学数据显示	科学数据显示提供多个子模块，用于显示卫星各载荷科学数据，以及其他可格式化处理卫星的图像传感器数据
缩略图数据输出	根据缩略图传输参数向控制管理模块输出相应的快视缩略图数据包
数据接收	接收数据接收解调子系统通过网络发送的UDP帧格式数据包，发往数据转发及存储子功能进行存储；从中提取出VCDU数据包，保存到VCDU共享存储队列中，并送往转发及存储子功能存储
数据处理	处理VCDU共享存储队列中的VCDU数据包，从中提取出载荷源包送数据转发及存储子功能，提取出VCDU数据包中携带的数据质量附加信息通过内部接口转发给控制管理功能
数据转发存储	将数据接收子功能发送的UDP数据包存入UDP原始数据文件；将数据接收子功能发送的VCDU包数据按照虚拟信道类型存入相应数据文件中；将数据处理子功能分包得到的载荷数据源包通过内部接口转发给图像数据快视功能
摄入及分包控制	接收控制管理功能下达的工作参数，配置各子功能工作参数，协调各子功能工作；管理VCDU共享存储队列

记录快视软件的执行过程如图5-23所示，程序启动后显示主界面，处于空闲状态。在空闲状态下，快视软件不进行快视或回放工作；当收到运行控制子系统发送的"任务计划信息"命令或操作人员的启动快视命令时，软件转入快视状态。在快视状态下，本软件接收数据接收解调子系统发送的载荷数据，进行处理、快视等工作；操作人员可对快视过程进行操作干涉；当收到"任务计划结束"或者操作人员主动停止快视时，本软件转回空闲状态。在空闲状态下，当收到操作人员的启动回放命令时，本软件转入回放状态。在回放状态下，本软件对操作人员选定的数据文件进行回放。

②数据处理分系统。

a. 资料处理子系统。资料处理子系统负责对记录的0级数据进行质量检验、辐射校正和几何定位，预处理后生成1级数据，对1级数据进行综合处理生成2级业务产品，并将生成的产品储存在存储管理子系统。

资料处理子系统的工作原理描述如图5-24所示。快视子系统记录的各卫星0级载荷数据进入该系统，首先进行辐射校正、几何定位等预处理操作，生成1级产品，预处理完成后，进行各种2级产品的生产。卫星的资料处理流程如下。

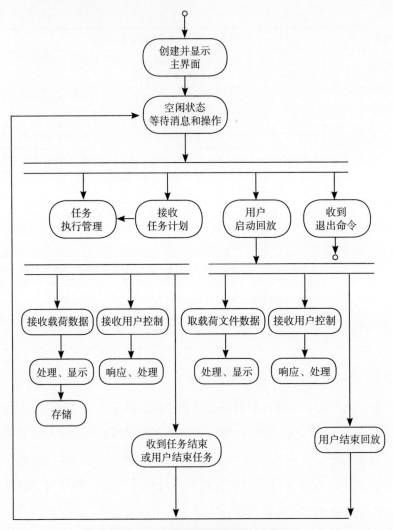

图5-23　记录快视软件的执行过程

0级产品数据和信息文件进入到资料处理子系统，运行预处理软件，获取轨道报，按照传感器分别生成1级产品数据文件和信息文件；预处理完成后，运行各载荷云检测模块，云监测产品生成后开始其他产品的运行，最终生成2级产品数据和影像文件。图5-24中黑色粗箭头表示各级数据产品的流向。

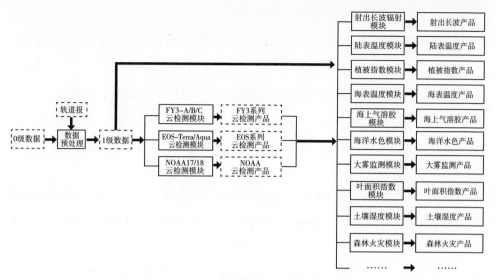

图5-24 卫星资料处理工作原理示意

资料处理子系统主要具备如下功能：

- 能够对系统所有卫星的0级数据进行预处理，包括质量检验、地理定位、辐射校正、投影转换等，可输出L1级产品和浏览图

- 针对不同的卫星载荷，能够生成相应的L2级气象产品，并输出HDF文件和浏览图

- 对于FY3A/B/CVIRR载荷，能够生成云检测产品、射出长波辐射产品、陆表温度产品、植被指数产品、海表温度产品、云分类产品、云相态产品、云顶温度产品、云顶高度产品、云光学厚度产品、大气可降水产品

- 对于FY3A/B/CMERSI载荷，能够生成云检测产品、海上气溶胶产品、陆地气溶胶产品、海洋水色产品

- 对于EOS-Terra和EOS-Aqua的MODIS载荷，能够生成云检测产品、大雾监测产品、陆表温度产品、叶面积指数产品、植被指数产品

- 对于NOAA18AVHRR载荷，能够生成云检测产品、土壤湿度产品、森林火灾产品、干旱监测产品

- 支持自动、手动两种模式处理气象产品

- 具备单一产品处理和产品批量处理功能

- 具备业务流程编排和管理功能，能够自动或手动编制整个气象流程任务计划和

工作计划，调度各子系统主体业务的运行

● 具备硬件设备和业务流程监控功能，能显示网络资源、计划执行等状态

资料处理子系统由流程调度子系统、数据预处理子系统、FY–3A/B/C图像处理子系统、EOS–Terra/Aqua图像处理子系统、NOAA18图像处理子系统等5个子系统组成。资料处理子系统由一台高性能服务器、两台工作站组成，将各子系统软件经过合理规划安装在相应的硬件设备上，并实施作业调度，通过网络实现各分系统的高速互联。

b. 存储管理子系统见图5–25。存储管理子系统负责对各种气象卫星的原始资料、预处理资料及图形、图像和数字产品等进行有效的集中存储和集中管理；建

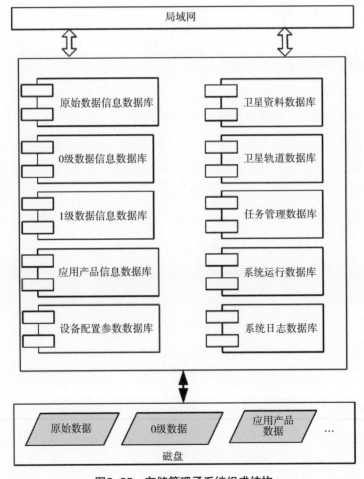

图5–25　存储管理子系统组成结构

立卫星资料库、产品库和信息库，实现数据的自动存档、备份。存储管理子系统同时对运行控制子系统所需的轨道及星历数据、任务计划数据、设备状态参数、操作日志数据、故障数据、操作员数据等进行管理，为记录快视子系统和资料处理子系统提供数据库访问服务。存储管理子系统负责运行控制子系统、记录快视子系统和资料处理子系统相关信息的管理，并对生产的各级卫星数据产品进行存储管理等。

存储管理子系统的工作原理：记录快视子系统向存储管理子系统提供原始数据和0级数据，存储管理子系统进行归档；运行控制子系统向存储管理子系统发送卫星资料、系统状态等操作指令；存储管理子系统根据操作指令将0级数据推送至资料处理子系统进行处理，资料处理子系统生成1级数据和应用产品推送至存储管理子系统进行存档。

存储管理子系统主要具备如下功能：

- 存储管理软件的启动与退出，具备系统管理员、一般用户等不同级别的用户操作权限和友好的操作界面
- 数据存档功能：需要具备数据库生成与维护、数据产品存档、磁盘空间监控等功能
- 数据检索查询功能：需要具备数据产品检索和数据获取等功能，具体表现在存储的原始数据、产品数据状态显示，显示卫星标识、数据记录时间、摄影时间、存储位置等信息；数据状态的浏览查询，可根据时间范围或载荷类型查询满足要求的原始数据、预处理数据和各级产品；数据组合查询，具体包括产品级别查询、图像获取起始和结束时间查询和卫星查询等；可对查询到的数据描述信息进行存盘打印
- 数据管理维护功能：根据数据在线时限要求，完成对数据进行备份、迁移和删除等
- 日志查询功能：需具备存储管理子系统日志信息、订单信息等查询功能
- 数据分发功能：能够将查询到的数据发送到指定位置
- 为运行控制子系统、记录快视子系统和资料处理子系统等分系统提供账号，并且开放相关权限，供各分系统创建和使用Oracle11g数据库

存储管理子系统主要由存储管理服务器和存档管理软件组成，服务器用于

存储运行控制子系统、记录快视子系统和资料处理子系统所需的各类信息数据库表。

卫星资料数据库、原始数据信息数据库、0级数据信息数据库和应用产品信息数据库，提供对相关产品的元数据和索引信息的存储管理。具体的数据文件则按照文件系统的组织方式存储在服务器上，数据库存储相应的位置信息，见图5-26所示。磁盘主要存储原始数据文件、0级数据文件和各应用产品数据文件。

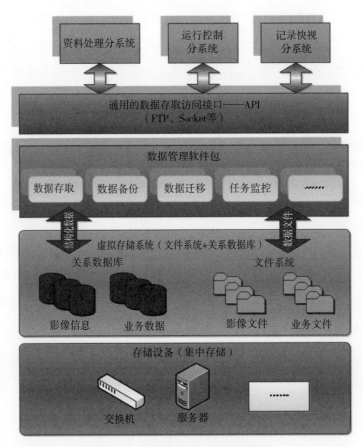

图5-26　存储管理子系统逻辑架构

存储管理子系统负责为其他相关分系统提供数据库支撑服务，主要存储数据包括运行控制子系统、记录快视子系统和资料处理子系统产生的各类数据信息。

运行控制子系统存储数据包括轨道计算产生数据、任务计划数据、设备状态参数等各类数据。

数据库服务器部署在存储管理子系统中，用于整个气象卫星数据移动接收处理应用系统的数据存储。数据库中为运行控制子系统、记录快视子系统和资料处理子系统各提供一个账号，并且开放相关权限，各分系统创建和使用其数据库。

存储管理子系统保证数据文件和日志文件等总的磁盘占用量不超过磁盘容量的80%。除了各分系统进行备份外，存储管理子系统将对整个数据库进行备份，策略如下：

- 每天按各分系统用户进行增量逻辑备份
- 每月进行一次完全逻辑备份
- 每半年进行一次物理备份

对海量多源影像的存储管理，有基于大型商用关系数据库扩展和基于"文件系统＋关系数据库"两种方案。实际测试表明，基于大型商用关系数据库扩展在进行海量多源数据存取访问的过程中，由于商用关系数据库的数据库I/O瓶颈，存取访问效率较低。因此，本系统选用基于文件系统＋商用关系数据库的方式对海量遥感影像进行存储管理。各类遥感影像数据文件将以文件的形式存储在文件系统中；影像的描述信息将与对应的影像文件建立映射关系，并以记录的形式存储于关系数据库中，便于源数据的访问及对记录进行查询、删除、修改等操作。

存储管理子系统根据具体业务对各类型存储设备进行统一规划，确保存储设备中的数据有效存储与高效访问。同时存储管理子系统还为外部系统提供符合通用标准协议（如FTP、Socket等）的数据访问接口（如文件读写接口、查询接口等），确保针对用户具体需求，完成相应业务流程。存储管理子系统的存储逻辑架构如图5-26所示。

③运行保障分系统。

a. 运行控制子系统。运行控制子系统由一台服务器和运行控制软件组成。运行控制软件采用分层结构、组件化、模块化技术设计，并充分继承以往的工程经验及成熟技术，利用现有经过测试验证的软件产品组件模块，将运行控制子系统设计成为一个功能完善、技术先进、自动化程度高、高效可靠的业务运行调度管理与监视控制综合平台。

- 采用树形分级控制机制、业务运行时间表驱动模式及优先级设置、计划冲突检

测等调度策略，实现全站的自动化管理

- 提供可供更改的系统配置库和可配置的图形化监控界面，提供灵活的设备组态配置
- 采用插件式软件结构、XML配置文件与数据库数据相结合的方式，实现对系统星源、系统组成、系统设备、设备配置参数、设备通信协议的灵活配置，保证数据接收系统的未来扩展需求
- 运行控制子系统软件由设备监控、任务调度、轨道预报与仿真

  综合信息管理4个功能单元组成，每个功能单元的主要任务如下。
- 设备监控功能：负责站内各分系统的设备管理，实时监视设备的运行状态，设备故障状态下以声音方式及时报警
- 任务调度功能：负责站内各类任务的统一调度和管理，包括任务计划的生成、编辑和跟踪管理，并对任务的执行状态进行实时显示
- 轨道预报与仿真功能：利用轨道根数进行星历计算和轨道预报，生成的结果供任务计划的制订使用。其功能还包括了可视化仿真显示等
- 综合信息管理功能：负责系统参数管理，包括卫星参数、地面站参数、轨道数据参数等；负责用户管理、日志管理，同时提供对数据库的查询和统计，以及报表打印等功能

  运行控制子系统通过站内局域网实现对站内其他各分系统和设备的监控。

  遥感气象移动站的监控方式为两级监控，站控和本控。站控为二级监控，由运行控制子系统实施；本控为一级监控，由具体分系统或设备实施。在站控方式下，运行控制子系统可向站内设备下发设备控制命令，实时监视各设备的运行状态；在本控方式下，其他分系统设备不执行运行控制子系统下发的控制命令，而是由具体分系统或设备实施控制，但运行控制子系统仍可实时监视各设备的状态。

  卫星跟踪接收处理的工作流程为：
- 运行控制子系统接收上级下达的接收计划和轨道根数，或本地制订接收计划，输入轨道根数
- 对接收计划进行合法性检查和冲突性检查，并且根据轨道根数进行轨道计算和预报
- 运行控制子系统在卫星进站前将天线接收计划和引导数据文件发送给天线跟踪

子系统，同时，向天线跟踪子系统和接收解调子系统下发设备控制命令。天线跟踪子系统和接收解调子系统执行控制命令后向运行控制子系统返回控制响应

- 接收卫星数据完成后，天线跟踪子系统向运行控制子系统发送天线跟踪计划完成报告
- 运行控制子系统向资料处理子系统发送资料处理任务计划和轨道根数，资料处理子系统完成处理任务后向运行控制子系统发送资料处理任务完成报告
- 运行控制子系统生成任务执行报告，并根据需要将任务执行报告发送给上级部门。

卫星跟踪接收处理流程见图5-27。

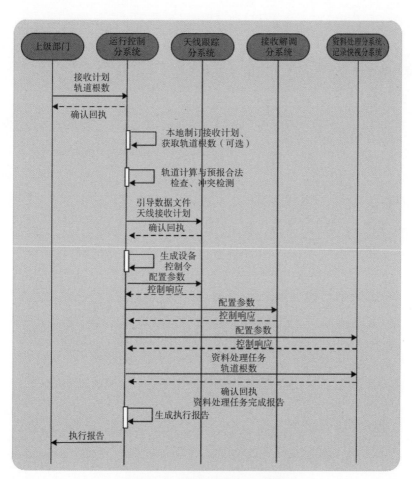

图5-27 卫星跟踪接收处理流程

b. 技术保障子系统。技术保障子系统为气象卫星数据移动接收处理应用系统提供各种技术保障，主要包括时频、电站、设备方舱和车辆、设备机柜及电缆网等设备，其主要实现思路如下。

- 设备车具有市电和油机两种供电形式，并对系统中关键的设备采取UPS供电
- 电站拖车采用成熟定型产品，并油机容量高于全站峰值功率30%以上，油机可独立供电8小时，保证系统供电能力
- 时频设备采用GPS授时，结合国外成熟产品使用标准，为系统提供高精度、高可靠性时间和频率标准
- 设备机柜选用专用车载机柜，结构轻使用强度高，外形美观，机柜底部和后部均安装减震装置，保证设备在机动过程中不受强烈冲击和震动
- 时频设备接收GPS外部时间同步信号，为气象卫星机动接收站设备提供统一的时间和频率信号，并提供站址地理位置参数

（3）功能

系统可接收FY-3A/B/C、NOAA18、Terra、Aqua等气象卫星（具体星源可协商后确定），具有X/L双频段极化切换的接收能力，可跟踪捕获轨道高度在400~1000千米以内卫星，并能够接收、解调、记录卫星下传的数据信号，将记录的原始数据进行格式化处理，进行快视显示。此外，还可能够依据卫星运行状态及系统业务需求，对系统进行任务计划和调度。

系统能够对系统所有卫星的0级数据进行预处理，包括质量检验、地理定位、辐射校正、投影转换等，可输出L1级产品和浏览图，并针对不同的卫星载荷，能够生成相应的L2级气象产品，并输出HDF文件和浏览图。可以用FY3A/B/C、EOS-Terra和EOS-Aqua、NOAA18等卫星的不同载荷生产云检测产品、射出长波辐射产品、陆表温度产品、植被指数产品、海表温度产品、海上气溶胶产品、陆地气溶胶产品、海洋水色产品、大雾监测产品、叶面积指数产品、植被指数产品、土壤湿度产品、森林火灾产品、干旱监测等产品。系统支持自动、手动两种模式处理气象产品，具备单一产品处理和产品批量处理功能、影像/产品的数据管理功能、业务流程编排和管理功能，能够自动或手动编制整个气象流程任务计划和工作计划，调度各分系统主体业务的运行。系统还提供系统二次开发接口，支持产品功能模块扩展。

（4）运行方案

防灾减灾遥感移动气象站机动性强，根据非洲灾害频发的程度和灾害类型的分布，选取埃及、苏丹、阿尔及利亚、莫桑比克为重点建设地区，部署多台套遥感移动气象站，进行遥感气象数据的监测，可接收国内外气象卫星传输的遥感卫星数据，提供包括灾害监测预评估、灾情研判、灾情评估、产品检验等各类业务应用。可根据用户需求，生成干旱检测、植被监测、火点检测、陆表温度监测、大雾监测和气溶胶监测产品等专题产品和气象报告。

根据机动站在灾害现场通过各类灾情信息采集终端，与车载系统进行及时对接传输，依托信息共享与服务子系统、多维可视化子系统提供的相关功能，实现灾情数据产品分析、灾情现场实时数据回传，灾情信息反馈的机制；实现对FY-3A/B/C、NOAA18、EOS–Terra、EOS–Aqua等气象卫星数据的实时接收和处理，并定期进行数据备份；对机动站定期进行基础设施维护和车载设备更新，为中非防灾减灾遥感移动气象站提供高效的运维保障。

5.4 运行服务模式

5.4.1 中国—东盟—南亚防灾减灾综合监控与指挥调度系统应用模式

（1）滑坡泥石流应急监测评估应用模式

滑坡泥石流应急监测评估应用模式主要负责将采集的卫星数据、航空数据、光学数据等数据进行预处理，提取泥石流滑坡体、堰塞湖范围、受影响房屋/居民地、受影响道路等基础设施、受影响农田、帐篷/临时安置房等信息，然后进行范围、实物量、直接经济损失等的评估，最后制作滑坡泥石流灾害遥感监测评估报告和滑坡泥石流灾害综合评估报告，并进行产品发布。应用模式流程分析，滑坡泥石流应急监测评估应用模式主要包括滑坡泥石流灾害监测、房屋倒损评估、生命线损毁评估、滑坡泥石流综合评估、信息采集和研判会商等关键步骤。

（2）地震应急监测评估应用模式

地震应急监测评估应用模式主要负责将采集的卫星数据、航空数据、光学数据等数据进行预处理，提取泥石流滑坡体、堰塞湖范围、受影响房屋/居民地、受影响道路等基础设施、受影响农田、帐篷/临时安置房等信息，并统计地震范围，然后进行灾情、范围、实物量、直接经济损失等的评估，最后制作地震灾害遥感监测评估报告和地震流灾害综合评估报告，并进行产品发布。结合应用模式流程分析，地震应急监测评估应用模式主要包括地震灾害监测、房屋倒损评估、生命线倒损评估、地震灾情综合评估、信息采集和研判会商等关键步骤。

（3）洪涝和台风应急监测评估应用模式

洪涝和台风灾害应急监测评估应用模式主要负责将采集的灾中灾后卫星数据、灾前卫星数据、航空数据等数据进行云判和数据处理，提取水体面积、过水面积、房屋倒损信息、生命线等基础设施损毁信息、农田损毁信息等主要信息，并监测帐篷、活动板房等灾民临时安置点情况，然后进行范围评估、实物量评估和直接经济损失评估，最后制作监测产品、洪涝灾害遥感监测评估报告以及洪涝灾害综合评估报告，并进行产品发布。结合应用模式流程分析，洪涝和台风灾害应急监测评估应用模式主要包括洪涝台风灾害监测、洪涝台风灾情综合评估、房屋倒损评估、生命线损毁评估和洪涝台风信息采集等关键步骤。

（4）水利领域应用模式

在日常的防汛检查工作中，无人机可不受交通限制，能在最短时间内赶往险区的上空，对蓄滞洪区的水库、地形地貌及堤防险段等进行立体查看，根据机载装置数据将影像信息实时传递，在向防洪对策提供可靠、准确信息的基础上，尽最大可能规避风险的发生。通过应用无人机抗旱防汛系统，政府相关部门可全面了解突发事件状况，并做出迅速反应，在降低工作难度的同时，充分保障参与抗旱防汛人员的生命安全。在抗旱防汛领域，低空无人机遥感技术能够确保政府部门在洪涝旱灾来临时，可及时、准确获取相应的灾情及应急信息，从而为领导的抗灾决策提供决定性的辅助信息。

（5）地质灾害防治应用模式

无人机可对研究地区进行低空、低速拍摄，且拍摄的照片能将范围内水土流失的强度、实际状况真实反映出来，为土壤侵蚀的类型、程度，以及植被、地形、管理措施等侵蚀因子的属性提供了充足的数据源，防治潜在的地质灾害。利用低空无人机遥感技术采集的遥感影像信息可为区域内水土流失的发生特点及发展趋势提供有效帮助，为政府部门的水土保持工作提供便利的同时，促进水土流失治理工作的全面开展。

（6）农业病虫害防治应用模式

通过引入无人机技术，提高了农业保险查勘定损效率，能够及时获取受灾影像，准确判断受灾损失程度和损失范围。一旦发生灾害，可以立即通过实时的飞行获取分辨率在0.1~0.8米的高清影像，当即对损失情况进行判断。另外，能够根据现场飞行的数据，作为抽样样点数据分析，结合卫星遥感资料对灾情总体情况做出判断。通过无人机的技术的应用，能够在较短的时间内，较为准确地计算农作物受灾面积，达到快速理赔，为广大农户提供更好的农业保险服务。

5.4.2 中国—东盟海域无人机减灾监测综合应用系统应用模式

（1）灾区大范围全景航拍测绘模式

在突发自然灾害（例如山洪、泥石流或者地震等）和海上安全生产事故（海上钻井平台爆炸、港口集装箱爆炸等）时，应急救灾团队第一时间抵达受灾地区附近区域，选择地势较平坦的公路作为固定翼无人机起降场地，搭载高分辨率照相机在超低空对灾区进行航拍，及时生成航空影像并通过图像拼接等数据处理软件生成灾区全景图，为确定受灾范围、确定救援重点和评估受灾损失等应急指挥调度提供信息数据支撑。

（2）灾区航空影像实时采集与传输显示模式

当领导亲临一线指挥救灾或到达指挥中心综合调度各方救援力量的情况下，固定翼无人机应急监测系统可搭载高清摄像头，通过高清数据链实时回传灾区第一手视频图像，并经过地面通信网络或者卫通设备回传至指挥中心，保证领导实时掌握受灾情况和救灾进展，为进一步指导救灾工作提供支持。

（3）重灾区空中凝视与人员搜救模式

在重灾区（地震中倒塌的楼房、洪水中受灾的民房和被困的群众等）由于基础设施损毁严重，为人员搜救带来巨大挑战，通过无人直升机搭载红外或可见光成像设备，可辅助救援人员及时发现受灾被困人员，确定救援方案和评估受灾损失等。

（4）无人机应急通信中继模式

利用多旋翼无人机搭载中继通信设备进行空中悬停，在受灾地区大部分通信基础设施损毁的条件下，通过在空中的中继设备构建起灾区空中通信网络，为受灾民众提供通信保障。

5.4.3　中国—独联体无人机森林防火监测系统应用模式

（1）常规监测模式

①根据森林监管需求进行任务规划，按照一定周期出动无人机监测系统和地面护林人员开展常规监测。

②发现灾害后，立即通过卫星通信、3G或微波等方式向指挥中心上报灾害类别、位置和规模，并回传视频和图像。

③指挥中心收到灾情预警报告后，立即通知地面人员队伍出动，调动无人机系统赶赴受灾地区，进行现场监控。

④地面车辆和人员均配备摄像、卫通和导航定位设备，救灾现场配备通信组网设备，可实现现场组网通信。通过卫星通信，指挥中心可实时掌握队伍运动状态和现场情况，指挥救灾。

（2）应急救灾模式

①国家级林业管理部门每2~4小时向各地方林业局下发卫星热点或遥感监测报告，要求地方林业局进行核查，或是林区瞭望塔、摄像头、护林员发现疑似火情，并通过地方林业局向国家林业局核查上报。

②地方林业局调用现场摄像头，并派出无人机系统开展调查，核查火情。

③核实为森林火灾后，通知地面应急反应队伍赶赴现场。地面车辆和人员均配备摄像、卫通和导航定位设备，救灾现场配备通信组网设备，可实现现场组网通信。通过卫星通信，指挥中心可实时掌握队伍运动状态和现场情况，指挥救灾。

（3）灾损评估模式

①地方林业局每年定期对重点防火区开展无人机林区遥感监测飞行，通过数据处理得到高分辨率遥感林区图（1∶2000）。

②发生火灾或其他灾害后，地面人员进行勘察，与当地的林相图相结合，勾勒出受灾区域和面积。

③在指挥中心，将处理和标注后的林相图与受灾前的无人机航拍图进行对

比，确定真实受灾区域；若受灾区以前并未飞过，可订购或向国家级遥感卫星中心申请受灾前的1∶10000或1∶25000的卫星影像数据进行对比，实现灾损评估。

④利用无人机对受灾区域进行补飞，作为下次该区域受灾的比对影像。

5.4.4　中非防灾减灾气象地面接收应用系统应用模式

旱灾日常风险预警应用模式，主要面向东盟、中亚、非洲东部等地区长年遭受旱灾影响的国家。系统基于我国提供和合作国自有遥感数据（HJ减灾卫星、MODIS、AVHRR、NOAA和风云卫星等）、气象数据（实时降水量、预报降水量）和现场数据（上报灾情）进行云判和预处理，经过数据检查后进行水体面积、土壤含水量、植被指数等主要指数提取，提取出旱灾风险等级和范围，然后进行受灾人口、受灾作物、饮水困难人口、饮水困难牲畜等的预评估，最后制作评估产品并进行产品发布。

与旱灾日常风险预警应用模式相似，可开展旱灾日常风险预警应用模式、旱灾应急监测评估应用模式、滑坡泥石流应急监测评估应用模式、滑坡泥石流日常风险评估应用模式、洪涝和台风灾害常规风险预评估应用模式、洪涝和台风灾害应急监测评估应用模式。

参考文献

[1] 翟盘茂, 刘静. 气候变暖背景下的极端天气气候事件与防灾减灾[J]. 中国工程科学, 2012, 14（9）.
[2] 王春乙, 张继权, 霍治国, 等. 农业气象灾害风险评估研究进展与展望[J]. 气象学报, 2015, 73（1）.
[3] 李亚, 翟国方. 我国城市灾害韧性评估及其提升策略研究[J]. 规划师, 2017, 33（8）.
[4] 苏桂武, 高庆华. 自然灾害风险的行为主体特性与时间尺度问题[J]. 自然灾害学报, 2003,（1）.
[5] 毕凯, 李英成, 丁晓波, 等. 轻小型无人机航摄技术现状及发展趋势[J]. 测绘通报, 2015,（3）.
[6] 李忠强, 唐伟, 张震, 等. 无人机技术在海洋监视监测中的应用研究[J]. 海洋开发与管理, 2014, 31（7）.
[7] 王振师, 周宇飞, 李小川, 等. 无人机在森林防火中的应用分析[J]. 林业与环境科学, 2016, 32（1）.